建筑工人职业技能培训教材

安装工程系列

建筑电工

《建筑工人职业技能培训教材》编委会 编

中国建材工业出版社

图书在版编目(CIP)数据

建筑电工 /《建筑工人职业技能培训教材》编委会编. —— 北京：中国建材工业出版社，2016.9（2017.5 重印）

建筑工人职业技能培训教材

ISBN 978-7-5160-1548-3

Ⅰ. ①建… Ⅱ. ①建… Ⅲ. ①建筑工程—电工技术—技术培训—教材 Ⅳ. ①TU85

中国版本图书馆 CIP 数据核字(2016)第 145286 号

建筑电工

《建筑工人职业技能培训教材》编委会 编

出版发行：中国建材工业出版社

地　　址：北京市海淀区三里河路 1 号

邮　　编：100044

经　　销：全国各地新华书店

印　　刷：北京雁林吉兆印刷有限公司

开　　本：850mm×1168mm 1/32

印　　张：7.375

字　　数：160 千字

版　　次：2016 年 9 月第 1 版

印　　次：2017 年 5 月第 2 次

定　　价：24.00 元

本社网址：www.jccbs.com　**微信公众号：**zgjcgycbs

本书如出现印装质量问题，由我社市场营销部负责调换。电话：(010)88386906

《建筑工人职业技能培训教材》

编审委员会

前　言

《中华人民共和国就业促进法》、国务院《关于加快发展现代职业教育的决定》[国发(2014)19 号]、住房和城乡建设部《关于印发建筑业农民工技能培训示范工程实施意见的通知》[建人(2008)109 号]、住房和城乡建设部《关于加强建筑工人职业培训工作的指导意见》[建人(2015)43 号]、住房和城乡建设部办公厅《关于建筑工人职业培训合格证有关事项的通知》[建办人(2015)34 号]等相关文件，对全面提高工人职业操作技能水平，以保证工程质量和安全生产做出了明确的要求。

根据住房和城乡建设部就加强建筑工人职业培训工作，做出的“到 2020 年，实现全行业建筑工人全员培训、持证上岗”具体规定，为更好地贯彻落实国家及行业主管部门相关文件精神和要求，全面做好建筑工人职业技能教育培训，由中国工程建设标准化协会建筑施工专业委员会、黑龙江省建设教育协会、新疆建设教育协会会同相关施工企业、培训单位等，组织了由建设行业专家学者、培训讲师、一线工程技术人员及具有丰富施工操作经验的工人和技师等组成的编审委员会，编写这套《建筑工人职业技能培训教材》。

本套丛书主要依据住房和城乡建设部、人力资源和社会保障部发布的《职业技能岗位鉴定规范》《中华人民共和国职业分类大典(2015 年版)》《建筑工程施工职业技能标准》《建筑装饰装修职业技能标准》《建筑工程安装职业技能标准》等标准要求，以实现全面提高建设领域职工队伍整体素质，加快培养具有熟练操作技能的技术工人，尤其是加快提高建筑业农民工职业技能水平，保证建筑工程质量和安全，促进广大农民工就业为目标，重点抓住建筑工人现场施工操作技能和安全为核心进行编制，“量身订制”打造了一套适合不同文化层次的技术工人和读者需要的技能培训教材。

本套教材系统、全面地介绍了各工种相关专业基础知识、操作技能、安全知识等，同时涵盖了先进、成熟、实用的建筑工程施工技术，还包括了现代新材料、新技术、新工艺和环境、职业健康安全、节能环保等方面的知识，力求做到了技术内容最新、最实用，文字通俗易懂，语言生动简洁，辅以大量直观的图表，非常适合不同层次水平、不同年龄的建筑工人职业技能培训和实际施工操作应用。

丛书共包括了“建筑工程”、“装饰装修工程”、“安装工程”3大系列以及《建筑工人现场施工安全读本》，共25个分册：

一、“建筑工程”系列，包括8个分册，分别是：《砌筑工》《钢筋工》《架子工》《混凝土工》《模板工》《防水工》《木工》和《测量放线工》。

二、“装饰装修工程”系列，包括8个分册，分别是：《抹灰工》《油漆工》《镶贴工》《涂裱工》《装饰装修木工》《幕墙安装工》《幕墙制作工》和《金属工》。

三、“安装工程”系列，包括8个分册，分别是：《通风工》《安装起重工》《安装钳工》《电气设备安装调试工》《管道工》《建筑电工》《中小型建筑机械操作工》和《电焊工》。

本书根据“建筑电工”工种职业操作技能，结合在建筑工程中实际的应用，针对建筑工程施工材料、机具、施工工艺、质量要求、安全操作技术等做了具体、详细的阐述。本书内容包括常用电工工具和防护用具，常用电工仪表，常用电线和电缆，电工常用绝缘和电磁材料，电工电线管、槽，灯具、开关及插座，低压电器和高压电器，架空线路材料，施工现场配电室的位置及布置，施工现场配电箱和开关箱安装，施工现场的配电线路安装，施工现场的照明安装，低压电器安装，防雷及接地装置安装，建筑电工岗位安全常识，相关法律法规及务工常识。

本书对于加强建筑工人培训工作，全面提升建筑工人操作技能水平具有很好的应用价值，不仅极大地提高工人操作技能水平和职业安全水平，更对保证建筑工程施工质量，促进建筑安装工程施工新技术、新工艺、新材料的推广与应用都有很好的推动作用。

由于时间限制，以及编者水平有限，本书难免有疏漏之处，欢迎广大读者批评指正，以便本丛书再版时修订。

编　者

2016年9月　北京

目录 CONTENTS

第1部分　建筑电工岗位基础知识

一、常用电工工具和防护用具

1. 电工工具

(1)挤压钳。

挤压钳用来压接导线线鼻子。挤压钳有两种,一种是机械式的,扳动一根手柄,作用在同一个轴上,螺旋方向相反的螺杆两端,带动冲头,将线鼻子与芯线牢牢地挤压在一起。另一种是液压式的,压动手柄,驱动活塞将冲头压入线鼻内,与芯线牢牢地挤压在一起。挤压接头与焊接相比有很多优点,一是接触好,二是不用加热,三是操作方便,四是连接稳定可靠。

(2)电烙铁。

电烙铁从15～500W有各种不同的规格。电烙铁主要是用来焊接电路和导线。使用电烙铁要注意安全,防止烫伤,同时要远离易燃物品,防止火灾。

(3)紧线钳。

紧线钳主要是用来收紧架空线路的。紧线钳的一端做成小型的台虎钳口,另一端装一个滚轮,与滚轮装在同一个轴上的还有一个棘轮,滚轮的另一端连着一个四方轴头。棘轮的特点是只能向一个方向转动。使用时将钳口夹住导线,将导线的端头绕过对拉绝缘子,与紧线钳的另一端滚轮上引出的钢丝绳牢固连接。用扳手转动四方轴头,就带动装在同一根轴上的滚轮和棘轮向同一个方向转动，固定在滚轮上的细钢丝绳就被缠绕在滚轮上，钢丝绳的另一端带动绕过绝缘子的导线，越拉越紧。当紧到合适的程度时，将导线绕过绝缘子的两端牢牢地绑扎在一起，紧线工作就完成了。有了棘轮的作用紧线时只能往一个方向缠绕，所以线不会松开。要拆下紧线钳时，只需将顶着棘轮的棘爪搬开，紧线钳就可以拆下来了。

2. 电工作业防护用具

(1)绝缘安全用具。

绝缘安全用具分为两大类，一类是基本安全用具，它的绝缘强度高，用来直接接触高压带电体，足以耐受电器设备的工作电压，如高压绝缘拉杆等。另一类是辅助安全用具，它的绝缘强度相对较低，不能作为直接接触带电体的用具使用，如绝缘手套、绝缘靴、绝缘鞋等。使用基本安全用具首先要查看耐压试验的合格证及试验日期。安全用具的耐压试验周期一般为1年。如果超过期限，就不得使用。使用辅助安全用具，除了按照上述要求检查之外，还要做一些性能检验，如：绝缘手套要做充气检验，看一下是否漏气。基本安全用具与辅助安全用具是同时配合使用的。

(2)临时接地线。

临时接地线是在电气设备检修时，将检修停电区与非停电区用短路接地的方式隔开并保护起来的一种安全用具，见图1-1。它的作用主要是防止突然来电造成的触电事故，同时还可以用来防止临近高压设备对检修停电区造成的感应电压伤及作业人员。使用临时接地线要注意的操作顺序是：先停电，再验电，确认无电才能挂接地线，接线时，一定要先接接地端，再接线路端。拆除时顺序相反，一定要先拆线路端，后拆接地端。以防在挂、拆过程中突然来电，危及操作人员安全。临时接地线要用多股软铜线制作，截面积不得小于 $25mm^2$。

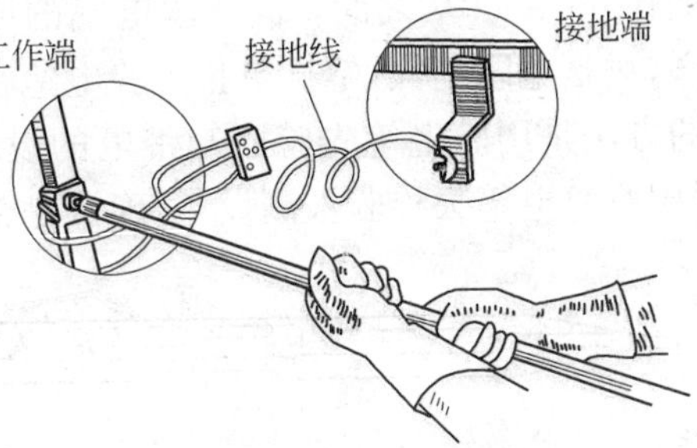

图 1-1　临时接地线及使用方法

（3）登高作业安全用具。

安全带是电工登高作业的必备安全用具。在使用前，要确认是否为合格产品。电工安全带由长、短两根带子钉在一起组成，短带拴在腰上，长带拴在电杆或其他牢固的位置，既要防止作业人员高处坠落，又要保证作业人员工作时有一定的舒适性。使用前还要检查安全带和连接铁件是否牢固、安全、可靠。发现损坏不得使用。

（4）安全标示牌。

安全标示牌有很多种，电工用的主要有："止步，高压危险"、"有人工作，禁止合闸"等。它的作用主要是警告有关人员不得接近带电体、提醒有关人员不得向某段电气设备送电。

（5）验电笔。

验电笔是用来检验电气设备是否带电的用具。验电笔分为高压和低压两种，见图 1-2。低压验电笔一般做成钢笔或螺丝刀的形状，便于携带，有多种实用功能。验电笔由氖管、弹簧、电阻和一个笔形的外壳组成。使用时要捏住笔杆后面的金属部分，也就是验电时,人体成了验电回路的一部分。由于验电笔中串联的电阻阻值很大,因此不会威胁到人身安全。低压验电笔测量的电压范围在60～500V之间。高压验电笔的原理和低压验电笔基本一样,只是电阻更大,笔杆更长。验电笔在使用前应做检验。检验的方法是用验电笔先验已知带电的设备,确认验电笔是好的,再用此验电笔去检验被测设备,确认是否带电。

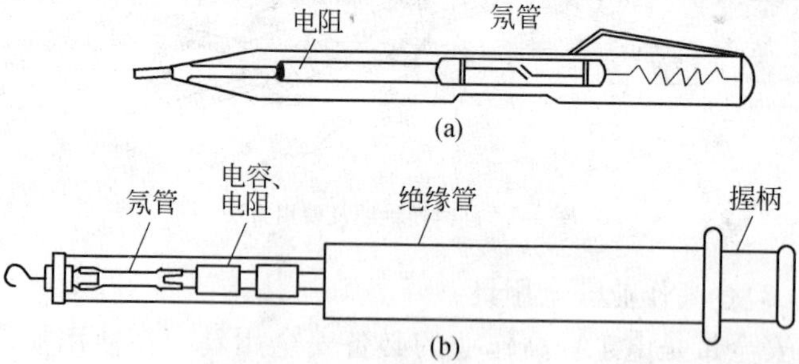

图 1-2 验电笔

(a)低压验电笔(试电笔);(b)高压验电笔

二、常用电工仪表

1. 电工仪表分类

电工仪表包括电测量指示仪表、比较仪器、数字仪表和巡回检测装置、记录仪和示波器、扩大量程装置和变换器。

(1)电测量指示仪表。电测量指示仪表的种类繁多,用来测量不同电气物理量,有直流仪表、交流仪表以及交直流两用仪表。仪表的类别划分有多种方法,常见的划分方法如下:

①按仪表准确度分为七级,即0.1、0.2、0.5、1、1.5、2.5、5七级。

②按防御外磁场和电场的性质分为四等级，即Ⅰ、Ⅱ、Ⅲ和Ⅳ等级。

③按作用原理分为电磁系、极化电磁系、动磁系、磁电系、电动系、铁磁电动系、整流系、静电系、感应系、振簧系、热线系、热电系、双金属丝系及电子系。

④按读数装置的结构形式分为三种，即指针式、光指针式及振簧式仪表。

⑤按使用方式分为安装式和可携带式。

⑥按标尺特性分为均匀标度尺和非均匀标度尺两类。

⑦按外壳的防护性能分为七种：普通式、防尘式、防溅式、防水式、水密式、气密式和隔爆式。

⑧按可动部分支撑方式分为三种，即轴尖轴承式、张丝式及吊丝式仪表。

⑨按标度尺上零位的位置分为三种：单向标度尺、双向标度尺及无零位标度尺仪表。

⑩按使用条件分为五组，A、A_1、B、B_1、C组，而使用条件有两种：即工作条件和最恶劣条件。

⑪按耐受机械力作用的性能分为普通的和能耐受机械力作用的。

⑫按外形尺寸大小分为微型、小型、中型、大型四种仪表。

(2)比较仪器。比较仪器用于比较法测量中，它包括直流比较仪器和交流比较仪器两种。电桥类、电位差计、标准电阻、标准电池、标准电感、标准电容，都属于比较仪器或比较仪器的附件。

(3)数字仪表和巡回检测装置。数字仪表是一种以逻辑控制实现自动测量，并以数码形式直接显示测量结果的仪表。巡回检测装置是由数字表加上选择控制系统构成的，它可以对多种对象实现远距离的测量。

(4)记录仪和示波器记录。记录被测量随时间变化的情况的仪器,称为记录仪表。当被测量变化很快,来不及记录时,常用示波器来观测,无论电磁示波器或电子示波器都是用光学系统来显示波形的。

(5)扩大量程装置和变换器。用以实现同一电量大小的变换,并能扩大仪表量程的装置,称为扩大量程装置。如分流器、电流互感器、电压互感器都是扩大量程装置。用来实现不同电量之间的转换,或将非电量转换为电量的装置称为变换器。如红外线测温器、测噪声表等,近年来发展的变换器式仪表很多,是测量仪器中不可缺少的测量仪表。

2. 常用电工仪表

电工仪表是用来测量电压、电流、功率、电能等电气参数的仪表。施工现场常用的电工仪表有万用表、钳形电流表、兆欧表、接地电阻表等。

电工仪表的一个重要参数就是准确度,电工仪表的准确度分为7级,各级仪表允许的基本误差见表1-1。

表1-1 常用电工仪表允许的基本误差

仪表准确度等级	0.1	0.2	0.5	1.0	1.5	2.5	5.0
基本误差/(%)	±0.1	±0.2	±0.5	±1.0	±1.5	±2.5	±5.0

仪表准确度等级的数字是指仪表本身在正常工作条件下的最大误差占满刻度的百分数。正常条件下,最大绝对误差是不变的,但在满刻度限度内,被测量的值越小,测量值中误差所占的比例越大。因此,为提高精确度,在选用仪表时,要使测量值在仪表满刻度的2/3以上。

(1)万用表。

万用表是常用的多功能、多量程的电工仪表，一般可用来测量直流电压、直流电流、交流电压和电阻等。施工中常用的万用表，见图1-3。

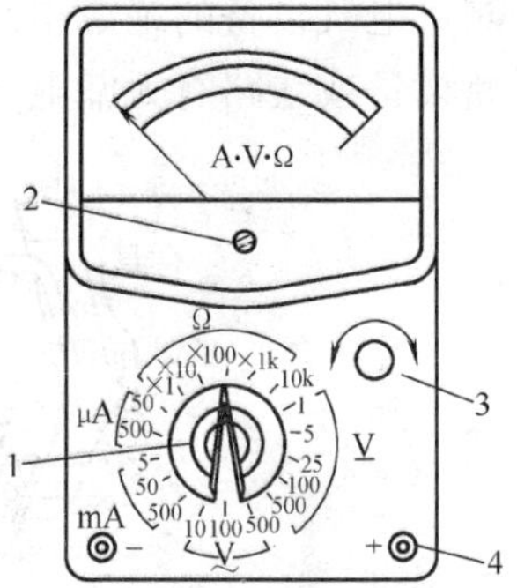

图1-3　MF30型万用表面板图

1—量程选择开关；2—调零螺钉；3—测电阻的调零旋钮；4—插接孔

用万用表测量时，测电压要将万用表并联接入电路，测电流时应将万用表串联接入电路，测直流时要注意正负极性，同时要将测量转换开关转到相应的挡位上。

使用万用表时应注意以下几点：

①转换开关一定要放在需测量挡的位置上，不能放错，以免烧坏仪表。

②根据被测量项目，正确接好万用表。

③选择量程时，应由大到小，选取适当位置。测电压、电流时，最好使指针指在标度尺1/2～2/3的地方；测电阻时，最好选在刻度较稀的地方和中心点，转换量限时，应将万用表从电路上取下，再转动转换开关。

④测量电阻时，应切断被测电路的电源。

⑤测直流电流、直流电压时，应将红色表棒插在红色或标有“＋”的插孔内，另一端接被测对象的正极；黑色表棒插在黑色或标有“－”的插孔内，另一端接被测对象的负极。

⑥万用表不用时，应将转换开关拨到交流电压最高量程挡或关闭挡。

(2)绝缘电阻表。

绝缘电阻表俗称北欧表、摇表、绝缘摇表，见图1-4。主要用于测量电气设备的绝缘电阻，如电动机、电气线路的绝缘电阻，判断设备或线路有无漏电、绝缘损坏或短路。

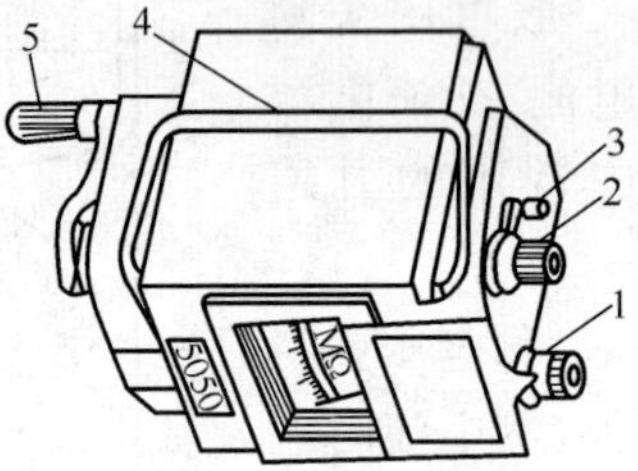

图 1-4 绝缘电阻表

1—接线柱 E；2—接线柱 L；3—接线柱 G；4—提手；5—摇把

绝缘电阻表的主要组成部分是一个磁电式流比计和一个作为测量电源的手摇高压直流发电机，与绝缘电阻表表针相连的有两个线圈，一个同表内的附加电阻串联，另一个和被测的电阻串联，然后一起接到手摇发电机上。当手摇动发电机时，两个线圈中同时有电流通过，在两个线圈上产生方向相反的转矩，表针就随着两个转矩的合成转矩的大小而偏转某一角度，这个偏转角度决定于两个电流的比值，附加电阻是不变的，所以电流值仅取决于待测电阻的大小。

绝缘电阻表测得的是在额定电压作用下的绝缘电阻阻值。万用表虽然也能测得数千欧的绝缘阻值，但它所测得的绝缘阻值，只能作为参考，因为万用表所使用的电源电压较低，绝缘物质在电压较低时不易击穿，而一般被测量的电气设备，均要接在较高的工作电压上，为此，绝缘电阻只能采用绝缘电阻表来测量。一般还规定在测量额定电压 500V 以上的电气设备的绝缘电阻时，必须选用 1000～2500V绝缘电阻表。测量 500V 以下电压的电气设备，则以选用 500V 绝缘电阻表为宜。

绝缘电阻表工作示意见图 1-5～图 1-7。

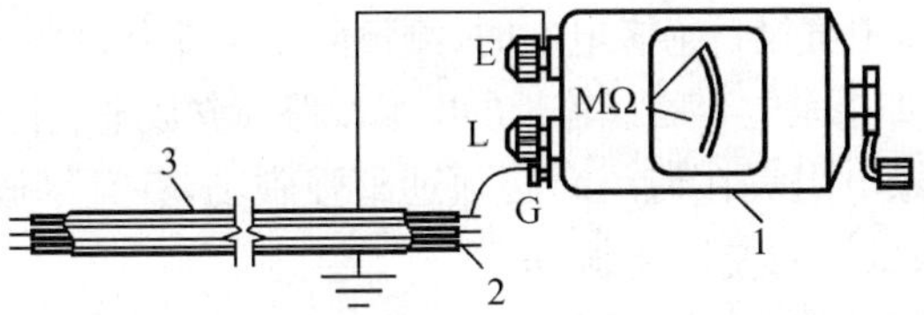

图 1-5　测量照明或动力线路的绝缘电阻

1—绝缘电阻表;2—导线;3—钢管

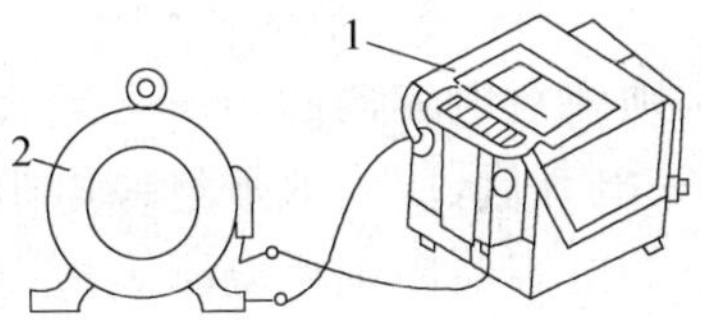

图 1-6　测量电机绝缘电阻

1—绝缘电阻表;2—电动机

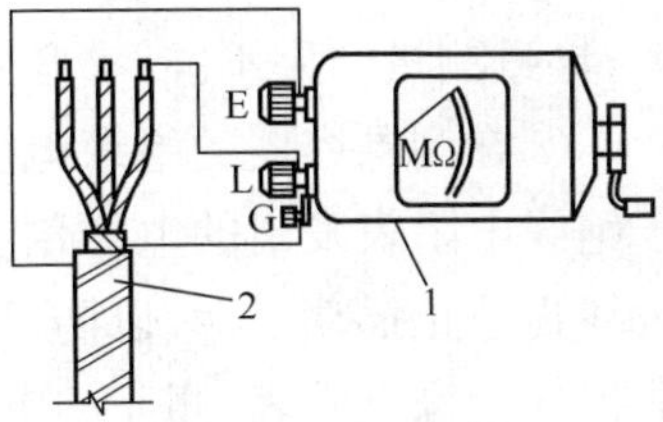

图 1-7　测量电缆的绝缘电阻

1—绝缘电阻表;2—电缆

绝缘电阻表在使用中须注意以下几点：

①正确选择其电压和测量范围。选用绝缘电阻表的电压等级应根据被测电气设备的额定电压而定：一般测量 50V 以下的用电器绝缘电阻，可选用 250V 绝缘电阻表；50～380V 的用电设备检查绝缘情况，可选用 500V 绝缘电阻表。500V 以下的电气设备，绝缘电阻表应选用读数从零开始的，否则不易测量。因为在一般情况下，电气设备无故障时，由于绝缘受潮，其绝缘电阻在 0.5MΩ 以上时，就能给电气设备通电试用，若选用读数从 1MΩ 开始的绝缘电阻表，对小于 1MΩ 的绝缘电阻无法读数。

②选用绝缘电阻表外接导线时，应选用单根的多股铜导线，

不能用双股绝缘线，绝缘强度要在 500V 以上，否则会影响测量的精确度。

③测量电气设备绝缘电阻时，测量前必须断开设备的电源，并验明无电，如果是电容器或较长的电缆线路应先放电后再测量。

④绝缘电阻表在使用时必须远离强磁场，并且平放，摇动绝缘电阻表时，切勿使表受振动。

⑤在测量前，绝缘电阻表应先做一次开路试验，然后再做一次短路试验，表针在前次试验中应指到“∞”处，而后次试验表针应指在“0”处，表明绝缘电阻表工作状态正常，可测电气设备。

⑥测量时，应清洁被测电气设备表面，以免引起接触电阻增大，导致测量结果不准。

⑦在测电容器的绝缘电阻时，须注意电容器的耐压必须大于绝缘电阻表发出的电压值。测完电容后，应先取下绝缘电阻表线再停止摇动手柄，以防已充电的电容器向绝缘电阻表放电而损坏绝缘电阻表，测完的电容器要对电阻放电。

⑧绝缘电阻表在测量时，还须注意绝缘电阻表上 L 端子应接电气设备的带电体一端，而 E 端子应接设备外壳或接地线。在测量电缆的绝缘电阻时，除把绝缘电阻表接地端接入电气设备接地外，另一端接线路后，还须将电缆芯之间的内层绝缘物接保护环，以消除因表面漏电而引起的读数误差。

⑨若遇天气潮湿或降雨后空气湿度较大时，应使用“保护环”以消除绝缘物表面泄流，使被测物绝缘电阻比实际值偏低。

⑩使用绝缘电阻表测试完毕后也应对电气设备进行一次放电。

⑪使用绝缘电阻表时，要保持一定的转速，按绝缘电阻表的规定一般为 120r/min，容许变动范围为±20%，在 1min 后取一稳定读数。测量时不要用手触摸被测物及绝缘电阻表接线柱，

以防触电。

⑫摇动绝缘电阻表手柄，应先慢再逐渐加快，待调速器发生滑动后，应保持转速稳定不变。如果被测电气设备短路，表针摆动到“0”时，应停止摇动手柄，以免绝缘电阻表过流发热烧坏。

⑬绝缘电阻表在不使用时应放于固定柜橱内，周围温度不宜太冷或太热，切忌放于污秽、潮湿的地面上，并避免置于含侵蚀作用的气体附近，以免绝缘电阻表内部线圈、导流片等零件发生受潮、生锈、腐蚀等现象。

⑭绝缘电阻表应尽量避免剧烈的长期的振动，造成表头轴尖变秃或宝石破裂，影响指示。

⑮禁止在雷电时或在邻近有带高压导体的设备时用绝缘电阻表进行测量，只有在设备不带电又不可能受其他电源感应而带电时才能进行。

(3)接地电阻表。

接地电阻表用于测量各种电力系统、电气设备、避雷针等接地装置的电阻值，也可用于测量低电阻导体的电阻值和土壤电阻率。

它由手摇发电机、电流互感器、滑线电阻和检流计等组成，另外附有接地探测针两支(电位探测针、电流探测针)、导线三根(其中 5m 长一根用于接地极，20m长一根用于电位探测针，40m长一根用于电流探测针接线)。外观见图 1-8。

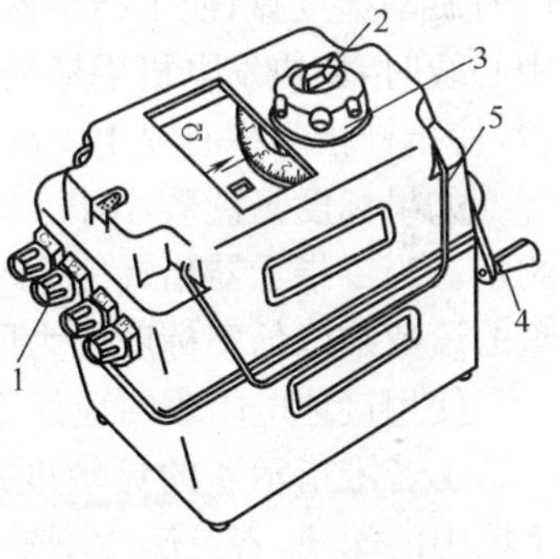

图 1-8　ZCB 型接地电阻测量仪

1—接线端钮；2—倍率选择开关；3—测量标度盘；4—摇把；5—提手

测量接地电阻时，接地电阻表 E 端钮接 5m 导线，P 端钮接 20m 导线，C 端钮接 40m 导线，导线的另一端分别接被测物接地极 E1、电位探棒 P1 和电流探棒 C1，且 E1、P1、C1 应保持直线，其间距为 20m，见图 1-9。

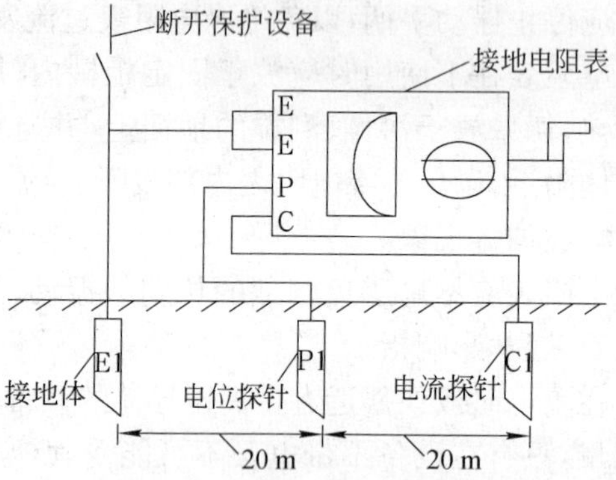

图 1-9　接地电阻测量接线

将仪表水平放置，调整零指示器，使零指示器指针指到中心线上，将倍率标度置于最大倍数，慢慢转动手摇发电机的手柄，同时旋动标度盘，使零指示器的指针指在中心线上，当指针接近中心线时，加快发电机手柄转速，使其达到 150r/min，调整标度盘，使指针指于中心线上。

如果标度盘读数小于 1，应将倍率标度置于较小倍数重新测量。当零指示器指针完全平衡指在中心线上后，将此时标度盘的读数乘以倍率标度即为所测的接地电阻值。

使用接地电阻表时应注意以下几点。

①若零指示器的灵敏度过高，可调整电位探测针 P1 插于土壤中的深浅，若灵敏度不够，可沿电位探测针 P1 和电流探测针 C1 之间的土壤注水，使其湿润。

②在测量时，必须将接地装置线路与被保护的设备断开，以保证测量准确。

③必须要保证 E1 与 P1 之间以及 P1 与 C1 之间的距离，并确保三点在一条直线上，这样测量误差才可以忽略不计。

④当测量小于 1Ω 的接地电阻时，应将接地电阻表上 2 个 E 端钮的连接片打开，然后分别用导线连接到被测接地体上，以消除测量时连接导线的电阻造成附加测量误差。

⑤禁止在有雷电或被测物带电时进行测量。

3. 钳形表

钳形表(图 1-10)主要用于在不断开线路的情况下直接测量线路电流。其主要部件是一个只有二次绕组的电流互感器，在测量时将钳形表的磁铁套在被测导线上，导线相当于互感器的一次绕组，利用电磁感应原理，二次绕组中便会产生感应电流，与二次绕组相连的电流表指针便会发生偏转，指示出线路中电流的数值。

使用钳形表时应注意以下几点。

①在使用钳形表时要正确选择钳形表的挡位位置。测量前，根据负载的大小估计一下电流数值，然后从大挡位向小挡位切换，换挡时被测导线要置于钳形表卡口之外。

②检查表针在不测量电流时是否指向零位，若不指零，应用小螺丝刀调整表头上的调零螺栓使表针指向零位，以提高读数准确度。

③因为是测量运行中的设备，因此手持钳形表在带电线路

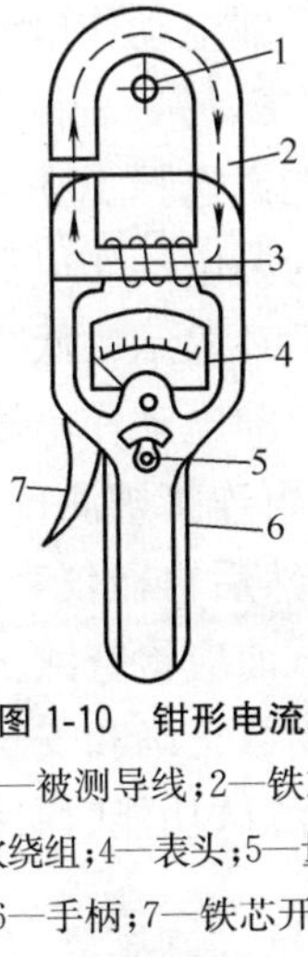

图 1-10　钳形电流表

1—被测导线；2—铁芯；3—二次绕组；4—表头；5—量程开关；6—手柄；7—铁芯开关

上测量时要特别小心，不得测量无绝缘的导线。

④测量电动机电流时，搬开钳口活动磁铁，将电动机的一根电源线放在钳口中央位置，然后松手使钳口密合好，如果钳口接触不好，应检查弹簧是否损坏或脏污，如有污垢，用干布清除后再测量。

⑤在使用钳形电流表时，要尽量远离强磁场（如通电的自耦调压器、磁铁等），以减少磁场对钳形电流表的影响。

⑥测量较小的电流时，如果钳形电流表量程较大，可将被测导线在钳形电流表口内绕几圈，然后去读数。线路中实际的电流值应为仪表读数除以导线在钳形电流表上绕的匝数。

（5）漏电保护装置测试仪。

漏电保护装置测试仪主要用于检测漏电保护装置中的漏电动作电流、漏电动作时间，另外也可测量交流电压和绝缘电阻。主要技术参数有：漏电动作电流 5～200mA，漏电动作时间 0～0.4s，交流电压 0～500V，绝缘电阻 0.01～500MΩ。

测量漏电动作电流、动作时间时，将一表棒接被测件进线端 N 线或 PE，另一表棒接被测件出线端 L 线，见图1-11。按仪表上的功能键选择 100mA 或 200mA 量程，按测试键，稳定后的显示数即为漏电动作电流值，每按转换键一次，漏电动作电流和动作时间循环显示一次。

测量漏电动作电流时须注意，应先将测试仪与被测件连接好，然后再连接被测件与电源。测量结束后，应先将被测件与电源脱离，然后再撤仪表连接线。

测试前应检查测试仪、表棒等完好无损，表棒线不互绞，以免影响读数正确和安全使用。绝缘电阻插孔禁止任何外电源引入，改变测试功能时必须脱离电源，表棒改变插入孔再连接电源开机。

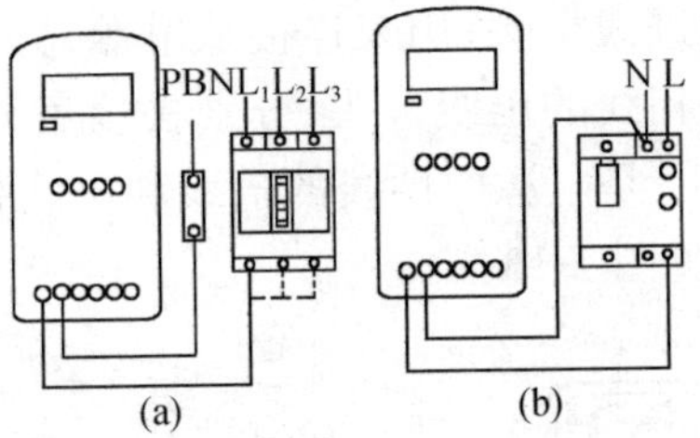

图 1-11　漏电保护装置测试仪测试接线图

(a)三相测试接线；(b)单相测试接线

(6)电能表。

电能表又称电度表，是测量某一段时间内所消耗的电能。

①单相电能表接线。单相电能表有 4 个接线柱头，从左到右按①、②、③、④编号，接线方法一般按①、③接电源线，②、④接出线的方式连接，见图 1-12。也有些单相表是按①、②接电源线，③、④接出线方式，所以具体的接线方式，参照电能表接线盖子里的接线图为准。

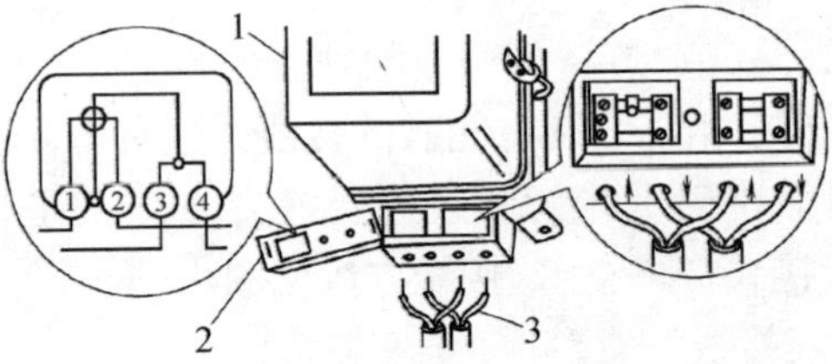

图 1-12　单相电能表的接线

1—电能表；2—电度表接线桩盖子；3—进、出线

②三相电能表的接线。

a. 直接式三相四线制电能表的接线。这种电能表共用 11 个接头，从左至右按 1、2、3、4、5、6、7、8、9、10、11 编号。其中 1、

4、7 是电源线的进线桩头，用来连接从电源总开关下引来的三根线。3、6、9 是相线的出线桩头，分别去接负载总开关的三个进线桩头。10、11 是电源中性线的进线和出线桩头。2、5、8 三个接头可空着，见图 1-13。

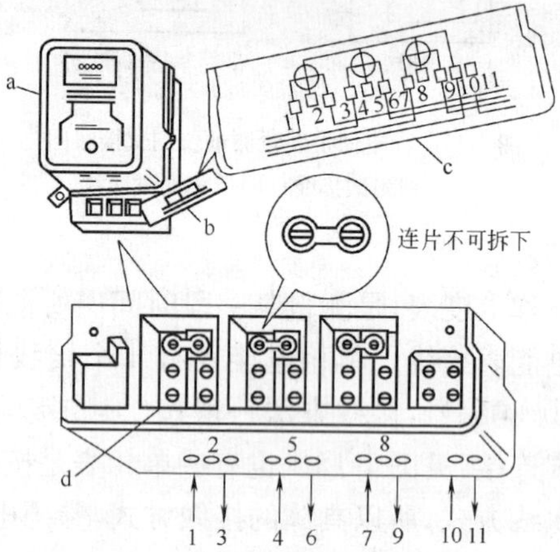

图 1-13　三相四线制电能表直接接线

a—电能表；b—接线桩盖板；c—接线原理；d—接线桩

1～11—接线桩桩头序号

b. 直线式三相三线制电能表的接线。这种电能表共有 8 个接线桩，其中 1、4、6 是电源相线进线桩头，3、5、8 是相线出线桩头，2、7 两个接线桩可空着，接线方法见图 1-14。

③电能表接线注意事项。

a. 电能表总线必须用钢芯单股塑料硬线，其最小截面不得小于 1.5mm^2，中间不准有接头。

b. 电能表总线必须明线敷设，长度不宜超过 10m。若采用线管敷设时，线管也必须明敷。

c. 接线方式进入电能表时一般以“左进右出”为接线原则。

d. 电能表必须垂直安装于地面，表的中心离地面高度应在

1.4～1.5m 之间。

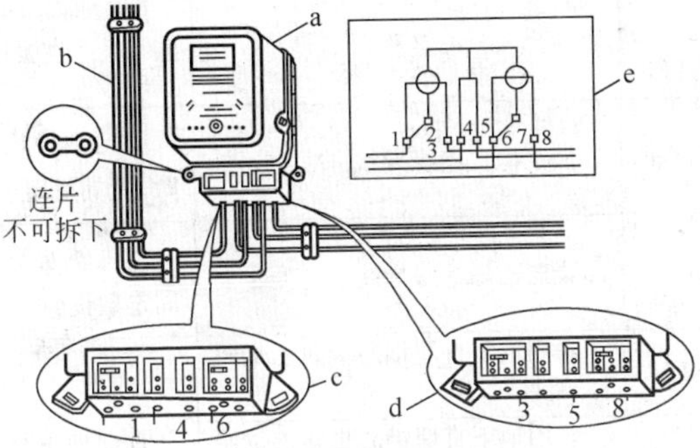

图 1-14　直线式三相三线制电能表的接线

a—电能表；b—电源进线；c—进线的连接；d—出线的连接；
e—接线原理图；1～8—接线桩头

三、常用电线和电缆

1. 电线

常用的导线按线芯材料可分为铜导线和铝导线；按线芯根数可分为单股线和多股线；按绝缘材料可分为塑料绝缘线和橡皮绝缘线；按导线的柔软程度可分为软线和硬线等。根据不同用途，合理选择配电导线的型号和面积，可以达到在保证供电安全的基础上降低建筑成本的目的，见表 1-2。

表 1-2　常用的导线型号、名称及主要用途

型号		名称	主要用途
铜芯	铝芯		
BX	BLX	棉纱编织橡皮绝缘导线	固定敷设用，可明敷，暗敷

续表

型号		名称	主要用途
铜芯	铝芯		
BXF	BLXF	氯丁橡皮绝缘导线	固定敷设用，可明敷，暗敷，尤其适用于户外
BV	BLV	聚氯乙烯绝缘导线	室内外电器、动力及照明固定敷设
	NLV	农用地下直埋铝芯聚氯乙烯绝缘导线	直埋地下最低敷设温度不低于－15℃
	NLVV	农用地下直埋铝芯聚氯乙烯绝缘和护套导线	
	NLYV	农用地下直埋铝芯聚乙烯绝缘聚氯乙烯护套导线	
BXR		棉纱编织橡皮绝缘软线	室内安装，要求较柔软时用
BVR		聚氯乙烯软导线	同BV型，安装要求较柔软时用
RXS		棉纱编织橡皮绝缘双绞软导线	室内干燥场所日用电器用
RX		棉纱总编织橡皮绝缘软导线	
RV		聚氯乙烯绝缘软导线	日用电器、无线电设备和照明灯头接线
RVB		聚氯乙烯绝缘平型软导线	
RVS		聚氯乙烯绝缘绞型软导线	

注：凡聚氯乙烯绝缘导线安装，温度均不低于－15℃。

2. 电缆

电力电缆是传输和分配电能的一种特殊电线，主要用于输送和分配电流，广泛用于电力系统、工矿企业、高层建筑及各行各业中，见表1-3。

表1-3　电力电缆的表示方法

类别、用途	导体	绝缘种类	内护层	其他特征
电力电缆(省略不表示) K—控制电缆 P—信号电缆 Y—移动式软电缆 R—软线 X—橡皮电缆 H—市内电话电缆	T—铜(一般省略) L—铝线	Z—纸绝缘 X—天然橡胶 (X)D—丁基橡皮 (X)E—乙丙橡皮 V—聚氯乙烯 Y—聚乙烯 YJ—交联聚乙烯	Q—铅护套 L—铝护套 H—橡皮护套 F—氯丁胶护套 V—聚氯乙烯护套 Y—聚乙烯护套	D—不滴流 F—分相 P—屏蔽 CY—充油

注：在电缆型号前加上拼音字母ZR表示阻燃系列，NH表示耐火系列。

电力电缆一般按照其绝缘类型分为聚氯乙烯绝缘(塑料)电力电缆、交联聚乙烯绝缘电力电缆、橡皮绝缘电力电缆、充油及油浸纸绝缘电力电缆；按工作类型和性质可以分为一般普通电力电缆、架空用电力电缆、矿山井下用电力电缆、海底用电力电缆、防(耐)火阻燃型电力电缆等类型。

电缆的特点是防潮、防腐、阻燃和防损伤、节约空间、易敷设等，除一般的敷设方式外，还可以敷设在水中或海底，其缺点是价贵，维护和检修较为复杂。

(1)聚氯乙烯绝缘及护套电力电缆。

用于固定敷设交流50Hz，额定电压1000V及以下输配电线路，制造工艺简便，没有敷设高差限制，可以在很大范围内代替油浸纸绝缘电缆和不滴流浸渍纸绝缘电缆。主要优点是重量轻，弯曲性能好，机械强度较高，接头制作简便，耐油、耐酸碱和耐有机溶剂腐蚀，不延燃，具有内铠装结构，使钢带和钢丝免受腐蚀，价格较便宜，安装维护简单方便。缺点是绝缘易老化，柔软性不及橡皮绝缘电缆。

(2)交联聚乙烯绝缘及护套电力电缆(简称交联电缆)。

用于固定敷设交流50Hz，额定电压35kV及以下的电力输配电线路中。交联聚乙烯是利用化学或物理方法，使聚乙烯分子由直链状线型分子结构转变为三维空间网状结构。即把热塑性的聚乙烯 PE 转变为热固性的交联 PE 聚乙烯，从而大幅度提高该物质的力学性能，热老化性能和耐环境应力的能力。交联聚乙烯绝缘电力电缆的特点是：具有优良的电气性能和耐化学腐蚀性，介质损耗小，其正常运行温度为 90℃，且结构简单，外径小，重量轻，载流量大（比聚氯乙烯绝缘的载流量提高 10%～15%），使用方便，能在 −15℃时进行敷设，敷设高差不受限制等。但它有延燃的缺点，且价格也较贵，见表 1-4。

表 1-4　交联聚氯乙烯绝缘及护套电力电缆常用型号名称对照表

型号		名称	使用条件
铜芯	铝芯		
YJV	YJLV	交联聚乙烯绝缘聚氯乙烯护套电力电缆	适用于室内、隧道等地方敷设，可经受一定的敷设牵引，但不承受机械力作用的场合
YJY	YJLY	交联聚乙烯绝缘聚乙烯护套电力电缆	
YJV22	YJLV22	交联聚乙烯绝缘钢带铠装聚氯乙烯护套电力电缆	适用于室内、隧道、埋地等地方敷设，能承受机械外力作用，但不能承受大的拉力
YJV23	YJLV23	交联聚乙烯绝缘钢带铠装聚乙烯护套电力电缆	
YJV32	YJLV32	交联聚乙烯绝缘细钢丝铠装聚氯乙烯护套电力电缆	适用于高落差、竖井或水下地区敷设，能承受机械外力作用和相当的拉力
YJV33	YJLV33	交联聚乙烯绝缘细钢丝铠装聚乙烯护套电力电缆	
YJV42	YJLV42	交联聚乙烯绝缘粗钢丝铠装聚氯乙烯护套电力电缆	适用于承受大拉力的竖井及海底
YJV43	YJLV43	交联聚乙烯绝缘粗钢丝铠装聚乙烯护套电力电缆	

注：①在电缆型号前加上拼音字母：ZR 表示为阻燃系列；

②执行标准为 GB/T 12706—2008。

四、电工常用绝缘和电磁材料

1. 绝缘材料

不容易导电的材料称为绝缘材料，如瓷体、玻璃、木材、云母等，包括气体绝缘材料、液体绝缘材料、固体绝缘材料，常见的绝缘材料见表1-5。

表1-5 常见的绝缘材料

序号	类别	举例	用途
1	气体绝缘材料	干燥的空气、氟里昂、氢气等	高压电器周围
2	液体绝缘材料	矿物油、漆、合成油等	用作变压器、油开关、电容器、电缆的绝缘、冷却、浸渍和填充
3	固体绝缘材料	环氧树脂、电工用塑料和橡胶、云母制品、陶瓷、玻璃等	线圈导线之间的绝缘、电线电缆绝缘层保护、绝缘手柄、瓷质底座等

2. 电磁材料

建筑电工中经常用到一些磁性材料，根据磁性材料是否容易被磁化，磁性材料可以分为软磁材料和永磁材料，常见的磁性材料见表1-6。

表1-6 磁性材料

序号	类别	举例	用途
1	软磁材料	纯铁、铸铁、硅钢片、碳钢、铁镍合金等	容易被磁化，矫顽力低，磁性容易褪去。用于变压器、电机、电磁铁铁芯，传递、转换能量和信息
2	永磁材料	镍钴合金、铁氧体、稀土钴等	容易被磁化，矫顽力高，磁性不容易褪去，用于产生恒定磁场

五、电工电线管、槽

1. 金属电线管

(1)电线管。

有 KBG(扣压式)、JDG(紧定式)、DG(薄壁管)三种方式。广泛用于建筑物内电气线路的管路敷设,起保护导线正常使用和敷设的作用,但不适用于有酸、碱等腐蚀性的场所使用,见表 1-7。

表 1-7　电线管主要规格参数表

公称口径/mm	外径/mm	壁厚/mm	内径/mm	内孔总截面积/mm^2	参考质量/(kg/m)
15	15.87	1.5	12.87	130	0.536
20	19.05	1.5	16.05	205	0.647
25	25.40	1.5	22.40	395	0.869
32	31.75	1.5	28.75	649	1.13
40	38.10	1.5	35.10	967	1.35
50	50.80	1.5	47.80	1794	1.83

(2)水煤气钢管。

水煤气钢管又称水煤气输送钢管或焊接钢管。在电气系统中使用的作用与电线管相同,但因其壁厚比电线管的壁厚要厚些,因此可以用在条件更恶劣的地方。电气工程图中一般用 G 表示。水煤气钢管的常用规格及主要参数见表 1-8。

表 1-8　水煤气钢管的常用规格及主要参数

公称口径		外径	壁厚	内径	内孔总截	参考质量
/mm	英寸/in	/mm	/mm	/mm	面积/mm^2	/(kg/m)
10	3/8	17.00	2.25	12.50	123	0.82

续表

公称口径		外径	壁厚	内径	内孔总截	参考质量
/mm	英寸/in	/mm	/mm	/mm	面积/mm²	/(kg/m)
15	1/2	21.25	2.75	15.75	195	1.25
20	3/4	26.75	2.75	21.25	355	1.63
25	1	33.50	3.25	27.00	573	2.42
32	1¼	42.25	3.25	35.75	1003	3.13
40	1½	48.00	3.50	41.00	1320	3.84
50	2	60.00	3.50	53.0	2206	4.88
70	2½	75.50	3.75	68.0	3631	6.64
80	3	88.50	4.00	80.5	5089	8.34
100	4	114.0	4.00	106.0	8824	10.85
125	5	140.0	4.50	131.0	13478	15.04
150	6	165.0	4.50	156.0	19113	17.81

注：①公称口径是钢管的规格称呼，不一定等于钢管外径减2倍壁厚之差；
②镀锌钢管比不镀锌钢管重3%～6%。

(3)可挠金属电缆保护套管(普利卡金属套管)。

可挠金属电缆保护套管是新型的电工器材，具有绝缘性能好、耐腐蚀性强、易弯曲、抗震性好、切断加工方便、长度不受限制、重量轻、便于搬运等优点。可根据需要定型，弥补了钢管、普通金属软管和PVC管在一些施工场合的不足，是电线电缆保护管的优良替换产品，可广泛使用于建筑安装工程、装饰、机电、铁路、石油化工、航空、船舶和交通等行业中。

可挠金属电缆保护套管种类较多，但其基本结构是由镀锌钢带卷绕成螺纹状，属于可挠性金属套管。

2. 非金属电线管

非金属电线管分为硬质PVC阻燃塑料电线管、半硬质

PVC阻燃塑料电线管、高强冷弯UPVC电线管等。凡所使用的阻燃型(PVC)塑料管,其材质均应具有阻燃、耐冲击性能,其氧指数不应低于27%。阻燃型塑料管外壁有间距不大于1.0m的连续阻燃标记和制造厂厂标,管子内、外壁光滑,管壁厚度均匀一致。所用阻燃型塑料管附件及明配阻燃型塑料制品,如:各种灯头盒、开关盒、接线盒、插座盒、端接头、管箍等,必须使用配套的阻燃制品。

(1)硬质PVC阻燃塑料电线管。适用于公用建筑物、工厂、住宅等建筑物的电气配管,可浇筑于混凝土内,也可明装于室内及吊顶等场所;适用于室内或有酸、碱等腐蚀介质的场所照明配管敷设安装(不得在40℃以上的场所和易受机械冲击、摩擦等场所敷设)。暗配部分适用于一般民用建筑内的照明配管系统和在混凝土结构内及砖混结构暗配管敷设工程(不得在高温场所和顶棚内敷设)。

(2)半硬质塑料管及其配件。必须由阻燃处理的材料制成,只能用于暗配,适用于一般民用建筑内的照明配管系统和在混凝土结构内及砖混结构暗配管敷设工程(不得在高温场所和顶棚内敷设)。

(3)冷弯高强UPVC电线管。是以PVC树脂为主料,加适当辅料,经高速捏合、挤出等工艺生产的管料,不受气候影响,性能稳定,具有抗压、抗拉力强,阻燃绝缘性能好等优点,在建筑工程中,无论明敷或暗设均可获得极好的效果。在常温下可手工弯曲,剪切锯割十分方便。零件连接采用粘接。施工方便、快捷、重量轻、防腐蚀、节省金属材料、造价低。

3. 管线敷设附属材料

钢管敷设附属材料有接线盒(箱)、电焊条、防锈涂料、油性涂料、管箍、锁紧螺母、扁钢、圆钢、木螺钉、机螺钉、铅丝、防腐漆、水泥、砂子等。

非金属管道敷设附属材料有接线盒(箱)、管箍、锁紧螺母、木螺钉、机螺钉、胶粘剂、水泥、砂子等。

电线敷设附属材料有镀锌铁丝或钢丝、护口、螺旋接线钮、尼龙压接线帽、套管、焊锡、焊剂、橡胶绝缘带等。

六、灯具、开关及插座

1. 灯具

(1)灯泡和灯管。

常见的灯泡、灯管分为:白炽灯泡、荧光灯、日光灯管、碘钨灯、高压水银灯、高压钠灯等。

①白炽灯泡(俗称灯泡)。是最常用的电光源之一,属于热辐射式电光源。它由灯头、灯丝、玻璃外壳组成。小功率(40W以下)的白炽灯玻璃壳内被抽成真空;为提高使用寿命,大功率的白炽灯玻璃壳内先抽成真空后再充入惰性气体。白炽灯具有价格低廉,使用方便,可频繁开关等优点,但发光强度受电压波动的影响较大。

②荧光灯(又称节能灯)。由荧光灯管、固定座、镇流器、灯头组成,其特征在于荧光灯管外面设有与白炽灯相仿的透光灯泡,其上端与灯头的下端相粘接,镇流器装在灯头和固定座封闭的空间里。它能与普通白炽灯泡通用,无污染,工艺简单、成本低廉,而发光效率和工作寿命优于白炽灯泡。

③日光灯管。日光灯管两端各有一灯丝,灯管内充有微量的氩和稀薄的汞蒸气,灯管内壁上涂有荧光粉,两个灯丝之间的气体导电时发出紫外线,使荧光粉发出柔和的可见光。灯管分

为:普通灯管、T5灯管、T4灯管、紫外线灯管、灭蚊灯管、彩色灯管、荧光灯管,根据色温有冷光、暖光之分。日光灯管属于气体放电电光源,具有发光效率高(约为白炽灯的四倍)、使用寿命长、光线柔和、光色好等优点,但是,它不宜频繁开关,否则会缩短灯管的使用寿命。

④碘钨灯。由灯管和灯架组成,其发光原理与白炽灯相同。为了提高发光效率和延长使用寿命,在灯管内充入了微量元素——碘。碘钨灯具有发光效率高、使用寿命长等优点,但由于灯丝比较长,用多个支架支撑着,因此它怕震动,而且使用时应尽量使灯具水平,以便延长灯管的使用寿命。

⑤高压水银灯。具有发光效率高、亮度高、使用寿命长等优点,属于气体放电电光源,被广泛应用于道路和场院的照明。高压水银灯分镇流器式和自镇式两种。当电源接通后,电压加到主电极与辅助电极之间,产生辉光放电并产生大量的电子和离子,随着主电极放电产生的热量,水银逐渐被气化,灯管就发出可见光和紫外线。紫外线激发玻璃内壁的荧光粉使灯管发光。

⑥高压钠灯。利用高压钠蒸气放电的原理制成的灯,其主要工作原理与荧光灯相似。高压钠灯具有发光效率高、体积小、亮度高、使用寿命长和透雾性强等优点,适用于亮度需求较高的场所,如交通干道、广场等处的照明。

(2)灯头、灯口及灯罩。

照明灯具按照用途功能分为日光灯、各型花灯、光带、壁灯、应急灯和疏散指示灯、防水灯、防爆灯具、游泳池和类似场所灯具(水下灯及防水灯具)、手术台无影灯等,包括点光源(灯头)及其附件,附件包括灯口、灯罩、支架、吊线盒、镇流器等。

灯头、灯口、灯罩是照明灯具的常规主要组成部分,灯头为灯具的发光部分,灯口为固定灯头的定位部分,灯罩为保护灯头及控制光照范围和方向的部分。

2. 开关和插座面板

(1)开关面板。

开关的面板采用绝缘塑料产品,材质均匀,表面光洁,具有阻燃性、绝缘性和抗冲击性,采用纯银触点和用银铜复合材料做的导电片,这样可防止启闭时电弧引起氧化。

扳把开关通常为两个静触点,分别由两个接线桩连接;分为单联单控开关、单联双控开关、单联三控开关、单联四控开关、双联双控开关。

(2)插座面板。

插座就是有一个或一个以上电路接线可插入的底座,通过它可插入各种接线,便于与其他电路接通。面板分为普通型和安全型。

安全型插座带有保护门,里面有一块挡板,插头需要抵开挡板才能接触到电源。各型开关、插座应有电工产品合格证,产品上应带有 CCC 标志。

单相两极插座就是一根火线一根零线,共两根线,插座也只要两极。但有时电器带一根保护接地线,即单相三极插座,三相插座为三根火线、零线和接地线的四孔插座。

七、低压电器和高压电器

1. 低压电器

用于接通、断开、控制和保护电气设备的装置称电气器件,简称电器,广义的电器还包括家用电器。按照额定工作电压的高低,电器分为低压电器和高压电器。

交流额定电压在 1kV 及以下的电压称低压，用于额定交流电压 1.2kV 及以下、额定直流电压 2kV 及以下电路中的电器称低压电器，低压电器用在配电变压器的低压侧。低压电器可分为配电电器和控制电器，前者有开关、熔断器等，后者有接触器、继电器、漏电保护器、电动机的启动器和制动器等。

(1)低压电器的分类和用途

低压电器的分类和用途见表 1-9，其中断路器、熔断器、刀形开关和转换开关为配电电器，其他为控制电器。

表 1-9　　低压电器的分类和用途

名称	主要品种	用途
断路器	塑料外壳、框架、限流、灭磁、直流快速式断路器，带漏电保护器的断路器	不频繁通断电路，过载、短路、欠压保护，漏电保护
熔断器	有填料、无填料、半封闭插入、快速、自复式熔断器	短路保护及过载保护
刀形开关	开关板用、胶盖瓷座、封闭负荷、熔断器式刀形开关	电路隔离，不频繁通断电路，短路保护及过载保护
转换开关	组合开关、换向开关	两种及以上负载或电源的转换和通断
接触器	交流、直流、真空、电子式接触器	频繁通断正常工作的主回路，远距离控制
启动器	全压、星三角减压、自耦减压、变阻、真空启动器，电子式软启动器	电动机的启动、正反转控制，软启动、软停车
继电器	电流、电压、时间、中间、温度、热继电器	用于二次回路，起控制和保护作用
控制器	凸轮、平面、鼓形控制器	转换主回路或励磁回路的接法，以控制电动机的启动、换向和调速

续表

名称	主要品种	用途
主令电器	按钮,限位、微动、万能转换、脚踏、接近和程序开关	发布控制命令(信号)
电阻器	铁基合金电阻	改变电路参数,变电能为热能
变阻器	励磁、启动和频敏变阻器	电动机的平滑启动和调速,发电机调压
电磁铁	起重、牵引和制动电磁铁	起重、操纵或牵引机械装置

(2)熔断器。

熔断器是当电流超过规定值一定时间后,能以其本身产生的热量使熔体熔化而分断电路的电器,广泛用于短路保护及过载保护,俗称的“保险丝”、“保险片”或“保险管”都是熔断器。

熔断器由熔体(熔丝或熔片)和安装熔体的装置组成,熔体用熔点较低的金属(如铅、锡、锌、铜、银、铝)或它们的合金制成,熔点是物质开始熔化时的温度值。

熔断器的原理是电流的热效应,流过熔体的正常工作电流产生的热量不足以使熔体熔断,过载电流产生的热量使熔体在一定时间内(如几秒钟至几分钟内)熔断,短路电流一般很大,能使熔体很快熔断。熔断器广泛用于电气设备的短路保护,在要求不高的场合也可以用于过载保护。

常用的熔断器有瓷插式熔断器、无填料管式熔断器、有填料熔断器、快速熔断器等。

①瓷插式熔断器。瓷插式熔断器由瓷座、瓷盖(插件)、触头和熔丝组成,熔丝装在瓷盖上,见图1-15。这种熔断器体积小、价格低、使用方便,但由于灭弧能力差,分断电流的能力较低,并

且所用熔丝的熔化特性不很稳定，故只适用于负载不大的照明线路和小功率(7.5kW 以下)电动机的短路保护，要求不高时也可以作过载保护。目前广泛使用的瓷插式熔断器是型号为RCA 的系列产品。

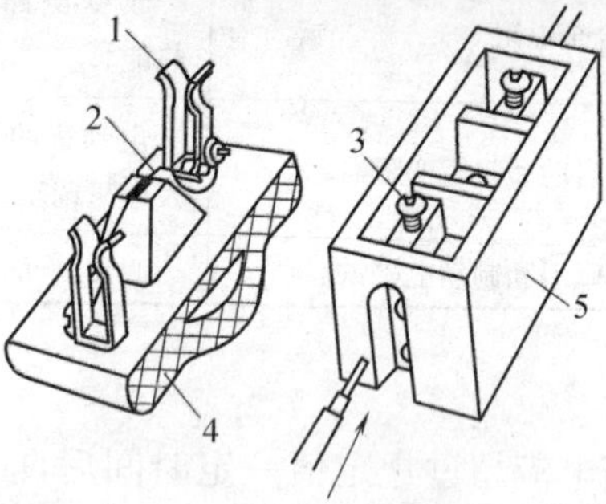

图 1-15　瓷插式熔断器

1—动触头；2—熔丝；3—静触头；4—瓷盖；5—瓷座

②无填料管式熔断器。采用变截面锌片做熔体，熔体装在用钢纸制作的密封绝缘管内，绝缘管直接插在安装底座上，见图 1-16。无填料管式熔断器经过几次分断动作之后，其绝缘管内壁变薄，灭弧效率和机械强度降低，为了使用安全，一般分断三次之后就应该换管。这种熔断器的灭弧能力强，分断能力高，适用于一般场合的短路保护和过载保护，RM10 是常用的系列产品。

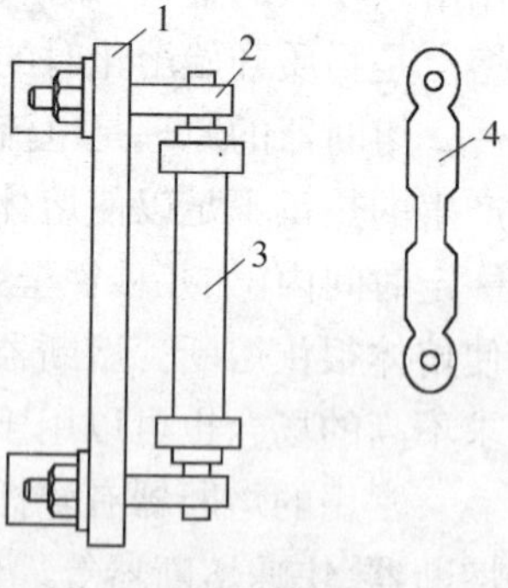

图 1-16　无填料管式熔断器

1—底板；2—刀座；
3—熔管；4—熔体

③有填料熔断器。有螺旋式和

管式两种。螺旋式有填料熔断器由瓷座、螺旋式瓷帽和熔管组成，熔管是内装熔体的瓷管，熔体的周围填满了石英砂，用来分散和冷却电弧，见图1-17。管式有填料熔断器呈圆管形或方管形，两端有刀形接触片，管体由陶瓷制成，内装熔体，熔体周围填满了石英砂。当熔体熔断时，这两种熔断器熔管一端的红色指示片变色脱落，给判断熔体是否熔断带来了方便。填料的使用提高了熔断器的保护性能，但由于熔管是一次性使用，故成本较高。有填料熔断器主要用于要求较高、短路电流很大场合的短路保护和过载保护。常用螺旋式有填料熔断器是 RL1 系列产品，常用管式有填料熔断器是 RT10、RT12、RT14 和 RT15 系列产品。

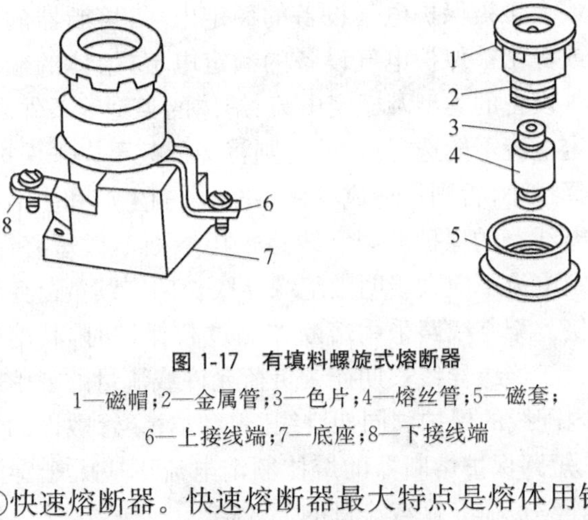

图 1-17　有填料螺旋式熔断器

1—磁帽；2—金属管；3—色片；4—熔丝管；5—磁套；
6—上接线端；7—底座；8—下接线端

④快速熔断器。快速熔断器最大特点是熔体用银制成，熔体的熔断时间很短，并且有显著的限流能力(在短路电流未达到最大值之前就能把电流切断)。快速熔断器用于需要特殊保护的场合，例如用于硅整流器件及其成套装置的短路和过载保护。硅整流器件(硅二极管、晶闸管)的过载能力很差，不能采用一般

熔断器,必须采用快速熔断器保护。快速熔断器也有螺旋式和管式两种,其结构与对应的上述有填料熔断器相似。常用快速熔断器的型号是 RLS、RSO、RSOA、RS3、RS3A、NGT 和 NT,后两种是引进国外先进技术生产的新产品。

熔断器的类型应根据实际需要和各种熔断器的适用范围选用,如负载不大的照明线路和小功率(7.5kW 以下)电动机的保护可选用瓷插式熔断器;一般场合可选用无填料熔断器;要求较高、短路电流很大的电路应选用有填料熔断器;保护晶闸管、整流二极管等半导体器件应选用快速熔断器。

熔断器的参数选用要求如下。

a. 选用原则。参数选择应遵循以下原则:熔断器的额定电压要等于或大于被保护电气设备的额定电压;熔断器的额定电流要大于或等于被保护电气设备的额定电流;熔体的额定电流应根据电气设备的类型及额定电流、熔体的类型等条件来选择。熔体的额定电流不能选择过大,否则将降低甚至失去保护作用;也不能选择过小,否则将造成频繁熔断,影响生产和生活。

b. 架空线路的保护。架空线路采用熔断器做短路保护时,其熔体额定电流不应大于明敷绝缘导线长期连续负荷允许载流量的 1.5 倍。架空线路采用熔断器做过载保护时,其熔体额定电流不应大于绝缘导线长期连续负荷允许载流量的 80%。

c. 室内配线的保护。同架空线路。但对穿管敷设的绝缘导线线路,其短路保护熔断器的熔体额定电流不应大于穿管绝缘导线长期连续负荷允许载流量的 2.5 倍。

d. 电动机的保护。电动机的保护应考虑启动电流,采用熔断器做电动机的短路及过载保护时,其熔体额定电流应为电动机额定电流的 2~2.5 倍。

e. 半导体器件的保护。前面谈到,应采用快速熔断器,其熔体的额定电流应为半导体器件额定电流的1.57倍。

(3)开关。

开关是用于接通、断开或转换电路的电器，电力开关是接通或断开一次回路(主回路)的开关。电能从电源输送到用电设备所经过的电路称一次回路，控制、保护、测量一次回路的电路称二次回路。

按工作电压的高低区分，电力开关分为高压开关和低压开关。按构造特点和通断电路的能力，常用的电力开关分为隔离开关、负荷开关和断路器。

①隔离开关。隔离开关是一种有明显断口，只能用来切断电压而不能用来切断电流的电力开关。隔离开关没有灭弧装置，故不能用来切断电流，仅限于用来通断有电压而无负载的线路，或断开很小的电流。隔离开关常用于高压电路，如安装在变电室，用来切断电压互感器、较小容量的空载变压器等，使检修工作安全、方便。隔离开关也用于低压电路，如安装在配电箱和开关箱内，作为电源隔离开关。

常见的隔离开关是刀开关。刀开关由手柄、触刀、刀座、铰链支座和绝缘底板组成。刀开关有的有灭弧装置，有的没有灭弧装置，没有灭弧装置者仅用作隔离开关，有灭弧装置者还能用于不频繁通断小电流的线路或设备。常用刀开关的型号有HD11、HD13、HD14，HS11、HS13。

②负荷开关。从电源吸收功率的用电设备称负载或负荷。负荷开关是能用于切断正常的负载电流，但不能用于切断短路电流的电力开关。负荷开关有灭弧装置，灭弧能力较好但不是很强，如强行用于切断短路电流将造成电弧不能熄灭、电路不能切断、开关烧毁、人体烧伤等恶果。负荷开关内置熔断器，兼有短路保护和过载保护的作用。常用的负荷开关有开启式负荷开

关和封闭式负荷开关。

a. 开启式负荷开关

开启式负荷开关习惯上称胶盖开关，构造见图 1-18，由瓷质手柄和底板、触刀、刀座、熔丝、上下胶盖等组成，比上述刀开关多了熔丝，是刀开关和熔断器合二为一的产品。胶盖有安全防护作用，有隔离电极和灭弧的作用。开启式负荷开关用在要求不高的场合，用于隔离电源、不频繁通断负载、短路保护及过载保护。常用开启式负荷开关的型号有 HK1、HK2 和 TSW。

b. 封闭式负荷开关

封闭式负荷开关也称铁壳开关，构造见图 1-19，主要由刀开关、灭弧罩、熔断器、操作机构和防护外壳组成，熔断器是瓷插式或管式。和胶盖开关相比，铁壳开关增加了防护铁壳和操作机构，从而提高了安全性。铁壳有防溅、防尘、防用电人员直接触摸开关等作用；操作机构有弹簧储能装置，使合闸可靠，分闸迅速而有利于灭弧，铁壳开关的分闸速度是由弹簧储能装置决定的，与手的操作速度无关；操作机构还有机械连锁装置，使盖子打开时合不上闸、合上闸时盖子打不开而有利于使用安全。和开启式负荷开关类似，封闭式负荷开关用于隔离电源、不频繁通断负载、短路保护及过载保护，但整体性能比开启式负荷开关好，常用的型号有 HH3、HH4，HH10、HH11。

③断路器。断路器是既能接通和分断正常负载电流，也能分断短路故障电流并有多种保护作用的电力开关。断路器也称自动开关或自动空气开关，是电力开关的后起之秀。

断路器可分为电磁式和电子式。常见的电磁式断路器主要由塑料外壳、电热元件、电磁机构、脱扣机构、弹簧储能操作机构、栅片灭弧装置等组成，外形见图 1-20。图 1-20(a)为三相断路器，开关键向上为开（接通电源），键的下方显示英文 ON

(开)；开关键向下为关(切断电源)，键的上方显示英文 OFF(关)。图 1-20(b)为带漏电保护器的单相小型断路器，同样，开关键向上为开、向下为关，右上角有英文 T(Test)标记的按钮为漏电保护器的试验按钮。

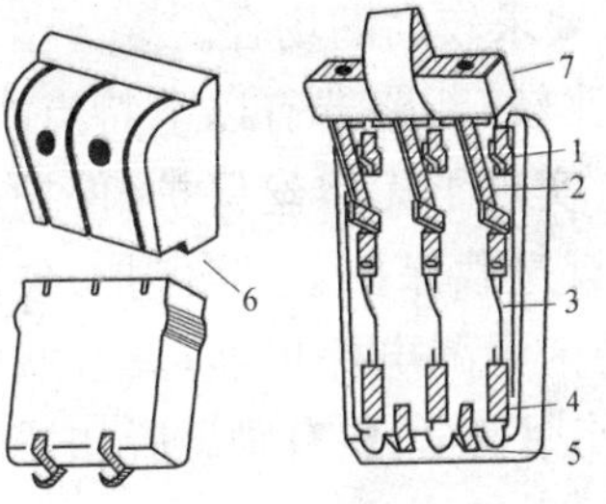

图 1-18　开启式负荷开关

1—刀座；2—刀片；3—熔丝；4—出线端；5—胶盖挂钩；6—上下胶盖；7—瓷质手柄

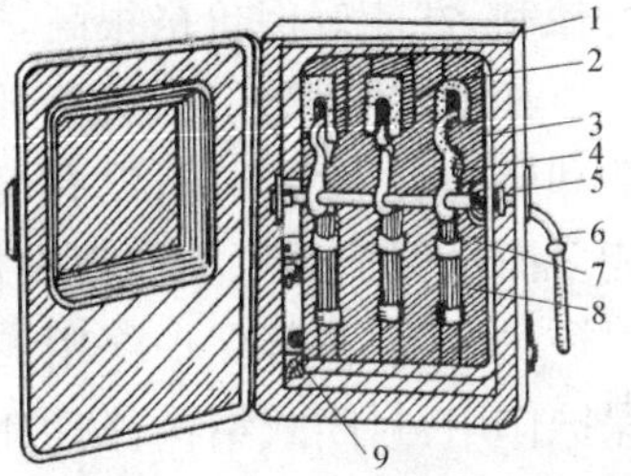

图 1-19　封闭式负荷开关

1—铁壳；2—灭弧罩；3—触点座；4—刀片；5—连锁操作机构；6—手柄；7—熔断器座；8—熔断器；9—保护接零(地)接线端子

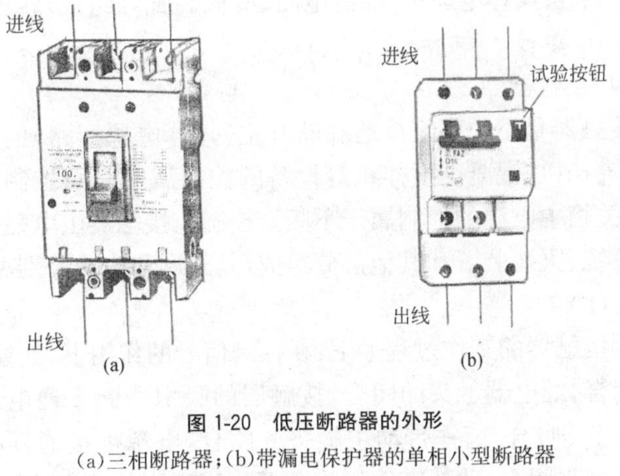

图 1-20　低压断路器的外形

(a)三相断路器；(b)带漏电保护器的单相小型断路器

断路器在失压后恢复供电时不能自动重合闸，故有失压保护作用。断路器中没有熔断器，实现了无熔丝保护，也避免了只有一个熔断器熔断而造成的缺相运行。

电子式断路器在电磁式断路器基础上，采用了集成电路进行控制，性能好但价格很高，适用于要求较高的场合。

和上述隔离开关、负荷开关相比较，断路器有以下特点：构造和原理有很大不同；没有熔断器，实现了无熔丝保护；保护功能多而且保护的可靠性大大提高，有过载保护、短路保护、欠压保护、失压保护等保护作用；有的还内置漏电保护器，具有漏电保护作用；封闭式结构，防护性好，使用安全；装有励磁脱扣器的断路器能接受外部控制信号实现远程控制；结构复杂，价格较高。10多年来断路器在我国普及很快，现已普遍采用。

④自动转换开关(ATS)。自动转换开关(ATS)用于双回路电源或应急电源(EPS)的自动切换，即一路电源发生故障时，ATS自动把负载转换至另一路电源。ATS为组合电器，由断路器(2个)、操作电动机、控制电路、机械装置等组成，转换时间1～2s。

(4)接触器。

接触器是用作频繁接通和断开主回路(电源回路)的电器。车床、卷扬机、混凝土搅拌机等设备的控制属于频繁控制，配电箱、开关箱中电源的控制属于不频繁控制。接触器由电磁机构、触头系统、灭弧装置和其他部分组成，其外形和构造分别见图1-21(a)、(b)。

①接触器的工作过程如下：在控制信号的作用下，如控制按钮的闭合、继电器触头的闭合，接触器的吸引线圈1通电，衔铁3被铁芯2吸合，衔铁带动主触头6闭合，电源被接通，同时动合辅助触头闭合，动断辅助触头断开。当吸引线圈断电时触头

的动作相反。可见，接触器输入的是控制信号，输出的是触头闭合动作或断开动作，主触头动作用于主回路控制，辅助触头动作用于其他控制。接触器的触头受吸引线圈的控制，而吸引线圈很容易实现远距离控制，只要把控制导线拉长即可。把传感器、继电器和接触器组合使用，能实现接触器的自动控制。

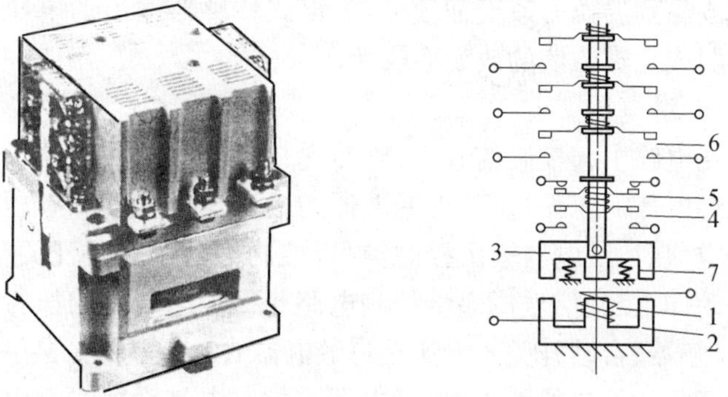

图 1-21　接触器的外形和构造

1—吸引线圈；2—铁芯；3—衔铁；4—动合辅助触头；5—动断辅助触头；6—主触头；7—恢复弹簧

②直流接触器的工作原理与交流接触器相同，但结构上稍有不同。

③接触器和电力开关的功能比较：接触器主要用于主回路的频繁控制、远距离控制和自动控制，没有保护作用；电力开关主要用于电源的不频繁控制、手动控制，通常兼有多种保护作用，如过载保护、短路保护等。

(5)传感器。

传感器是把非电量转换为电量的装置。例如，传感器能把火灾产生的高温信号、光信号、烟雾信号等非电量转换为电信号，能把振动、压力、位移、速度、加速度、转速、特殊气体、混凝土强度、混凝土缺陷等非电量转换为电信号。传感器在自动控制和非电量测量领域应用广泛。

常见的传感器有电阻式、电感式、电容式、光电式、热电式、磁敏元件式、压电式、超声波式等。其基本原理是输出的电量随输入的非电量改变而改变。例如，电阻式传感器的阻值随环境温度或受到的拉力改变而改变，光电式传感器输出的电压随光线强弱或烟雾浓淡的改变而改变。

(6)继电器。

在电路中起控制信号中继（传递、中转）作用的电器称继电器。继电器的工作过程：当继电器的输入量（电量或非电量）达到一定值时，继电器输出控制信号，控制信号一般是开关量、即触头动作；控制信号传递给控制电路或保护电路中的执行电器（如接触器、自动开关），方法是将继电器的触头串联在接触器或自动开关的控制线圈中；执行电器去控制电气设备。继电器常用于电气设备的自动控制和保护电路中，也用于电子电路中。

继电器和接触器的相同点是：二者都有电磁机构和触头系统，触头的动作原理相同。继电器和接触器的不同点是：一是接触器能用于直接控制主电路，而继电器触头只能断开很小的电流，一般不能直接用于控制主电路，常串联在接触器或自动开关的控制线圈中使用；二是接触器的输入量是电量，而继电器的输入量可以是电量也可以是非电量。输入是电量的继电器有电压继电器、电流继电器等；输入量是非电量的继电器必须内置传感器，将非电量转换为电量，这类继电器有热继电器、气体继电器、压力继电器等；三是接触器的触头是双断点触头（能形成两个断点），而继电器的触头是单断点触头。

另外，延时继电器是指收到输入的控制信号后并不马上动作，而是延迟一定时间再动作的继电器，如用于电动机过载保护的热继电器应有延时功能。

2. 高压电器

交流额定电压在1kV以上的电压称高压，用于额定交流电压3kV及以上电路中的电器称高压电器，高压电器用在配电变压器的高压侧，常见的高压电器有高压隔离开关、高压熔断器、高压负荷开关、高压断路器等。

高压电器和对应低压电器的功能是类似的，如高压负荷开关和低压负荷开关的功能都是用于接通切断正常的负载电流，而不能用于切断短路电流，但高压电器承受的电压要高得多，故二者在结构、原理上有较大差别。

(1)高压隔离开关。

高压隔离开关是一种有明显断口，只能用来切断电压不能用来切断电流的刀开关。隔离开关没有灭弧装置，故不能用来切断电流，仅限于用来通断有电压而无负载的线路，或通断较小的电流，如电压互感器及有限容量的空载变压器，以利检修工作的安全、方便。有的隔离开关带接地刀闸，开关分离后，接地刀闸将回路可能存在的残余电荷或杂散电流导入大地，以保障人身安全。常用产品的型号是GN和GW系列。

(2)高压熔断器。

它用于小功率配电变压器的短路、过载保护，分为户内式、户外式；固定式、自动跌落式。有的有限流作用，限流式熔断器能在短路电流未达到最大值之前将电弧熄灭。

跌落式熔断器比较常用，它利用熔丝本身的机械拉力，将熔体管上的活动关节(动触头)锁紧，以保持合闸状态。熔丝熔断时在熔体管内产生电弧，管内壁在电弧的作用下产生大量高压气体，将电弧喷出、拉长而熄灭。熔丝熔断后，拉力消失，熔体管自动跌落。

有的跌落式熔断器有自动重合闸功能，它有两只熔管，一只常用，一只备用。当常用管熔断跌落后，备用管在重合机构的作用下自动合上。跌落式熔断器熔断时会喷出大量的游离气体，同时能发生爆炸声响，故只能用于户外。跌落式熔断器的熔管能直接用高压绝缘钩棒分合，故它可以兼作隔离开关使用。

常用户内式产品有 RN、RW 及 RNZ 系列，户外式有 RW11-10、PRWG2-35 及 YR 系列。

(3)高压负荷开关。

高压负荷开关用于通断负载电流，但由于灭弧能力不强，不能用于断开短路电流。高压负荷开关按灭弧方式的不同分为固体产气式、压气式和油浸式。负荷开关由导电系统、灭弧装置、绝缘子、底架、操作机构组成，有的和熔断器合为一体。同时采用负荷开关和熔断器可以代替断路器。常用产品有 FN、P 和 FW 系列。

(4)高压断路器。

断路器除了具有负荷开关的功能外，还能自动切断短路电流，有的还能自动重合闸，起到了控制和保护两个方面的作用，它分为油式、空气式、真空式、六氟化硫式、磁吹式和固体产气式。过去，油断路器(油开关)的使用最为广泛，现在越来越多地使用真空式和六氟化硫(SF)式。

(5)操作机构。

操作机构又称操动机构，是操作断路器、负荷开关等分、合时所使用的驱动机构，它常与被操作的高压电器组合在一起。操作机构按操作动力分为手动式、电磁式、电动机式、弹簧式、液压式、气动式及合重锤式，其中电磁式、电动机式等需要交流电源或直流电源。常用产品有 CS、CD、CT 系列。

八、架空线路材料

1. 电杆

电杆是用来架设导线的，因此，电杆应具有足够的机械强度；同时应具备造价低、使用寿命长等特点。

电杆按其材质分，有木电杆、钢筋混凝土电杆和铁塔三种。木电杆施工方便、价格便宜，强度也够，但使用年限短，易腐烂，且木材供应紧张，所以现在一般很少用。铁塔一般使用在线路的特殊位置。目前架空电力线路应用最广的是钢筋混凝土电杆。钢筋混凝土电杆是用水泥、砂、石和钢筋浇制而成，它的主要特点是：能节约大量木材和钢材；坚实耐久，使用寿命长，维护工作量少。但钢筋混凝土电杆易产生裂纹，很笨重，运输和施工不方便，特别在山区和地形复杂地区这一问题更突出。在施工前，对每根钢筋混凝土杆都应仔细检查，不能将已存在裂纹或露筋或水泥脱落的电杆安装到线路上去。

电杆在线路中所处的位置不同，它的作用和受力情况就不同，杆子的结构情况也不同。按其在线路中的作用，一般把电杆分为直线杆、耐张杆、转角杆、终端杆、分支杆、跨越杆等六类，见图 1-22。

(1)直线杆。

位于线路的直线段上，仅作支持导线、绝缘子和金具用。在正常情况下只承受导线的垂直荷重和风吹导线的水平荷重以及冬天覆冰荷重，而不能承受顺线路方向的导线拉力。当发生一侧导线断线时，它就可能向另一侧倾斜，在架空线路中直线杆数量最多，约占全部电杆数的 80%以上。

(2)耐张杆。

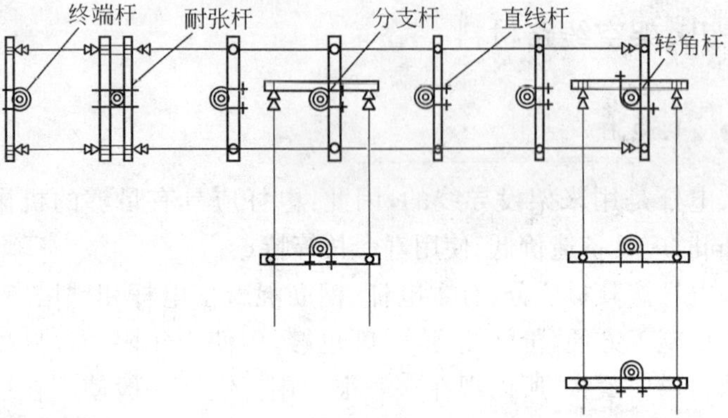

图 1-22　各种电杆的特征

位于线路直线段上的几个直线杆之间。它的机械强度大，能够承受电杆两侧不平衡拉力而不致倾倒。在线路正常运行时，耐张杆所承受的荷重与直线杆相同，但在一侧导线断线时，它可承受另一侧导线的拉力。所以耐张杆上的导线一般用悬式绝缘子串加耐张线夹或蝶式绝缘子固定。

架空电力线路在运行中有时可能发生断线事故，此时会造成电杆两侧受导线拉力不平衡，导致线路成批电杆倒杆事故，为了防止事故范围的扩大，减少倒杆数量，为此在架空电力线路中，每隔一定距离都要设置耐张电杆，两个耐张电杆之间的距离一般在 1～2km。

(3)转角杆。

位于线路改变方向的地方。这种电杆可能是耐张型的，也可能是加装措施的直线型的，视转角大小而定。它能承受两侧导线的合力而不致倾倒。

(4)终端杆。

位于线路的首端与终端。在正常情况下，能承受线路方向的全部导线拉力。

(5)分支杆。

位于线路的分路处。有直线分支杆和转角分支杆。在主干线上多为直线型和耐张型,尽量避免在转角杆上分支;对分支线路来讲,分支杆相当于终端杆,要求能承受分支线路导线的全部拉力。

(6)跨越杆。

当架空线路与公路、铁路、河流、架空管道、通信线路、其他电力线路等交叉时,必须满足规范规定的交叉跨越要求,以保证运行安全。一般直线电杆较低,大多不能满足要求,这就要加高电杆的高度和机械强度,保证导线足够的高度,保证导线与公路、铁路、河道及各种架空管线足够的安全距离。这种用作跨越公路、铁路、河流及各种管线的电杆称为跨越杆。跨越杆可以用铁塔,也可以用加高加强的钢筋混凝土杆,视地形环境及要求而定。

2. 绝缘子

绝缘子俗称瓷瓶,是用来固定导线并使导线与导线间、导线与横担、导线与电杆间保持绝缘,同时也承受导线的垂直荷重和水平荷重。因此,要求绝缘子必须具有良好的绝缘性能和足够的机械强度。

(1)按工作电压等级分:有低压绝缘子和高压绝缘子两种。

(2)按外形分:有针式绝缘子、蝶式绝缘子、悬式绝缘子和拉线用的棱形式蛋形拉线绝缘子。

安装前,应按有关电气试验规程,进行交流耐压试验合格,并将每个绝缘子表面的污垢用干布擦净,以防止送电后发生闪络和击穿。常用的绝缘子外形见图1-23。

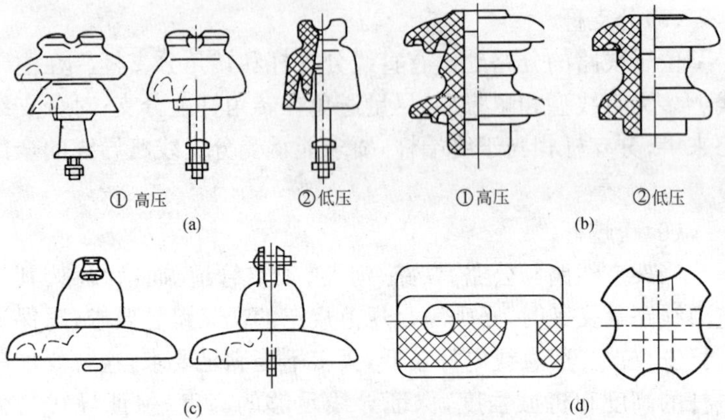

图 1-23 常用绝缘子外形

(a)针式瓷绝缘子;(b)蝴蝶形瓷绝缘子;(c)悬式瓷绝缘子;(d)拉紧绝缘子

3. 金具

架空线路中所用的抱箍、线夹、钳接管、垫铁、穿心螺栓、花篮螺栓、球头挂环、直角挂板和碗头挂板等统称为金具。它是用来固定横担、绝缘子、拉线和导线的各种金属连接件。金具品种较多,一般可分为以下几类。

(1)连接金具。

这类金具是用来连接导线与绝缘子或绝缘子与杆塔横担的,因此要求它具有连接可靠、转动灵活、机械强度高、抗腐蚀性能好和施工维护方便等性能。属这类金具的有耐张线夹、碗头挂板、球头挂环、直角挂板、U 形挂环等。外形见图 1-24。

(2)接续金具。

这类金具用于接续断头导线。要求其能承受一定的工作拉力,有可靠的工作接触面,有足够的机械强度。属这类金具的有铝压接管和在耐张杆上连通导线的并沟线夹等。

(3)拉线金具。

这类金具用于拉线的连接和承受拉力。属这类金具的有楔形线夹、UT 型线夹、钢线卡子、花篮螺栓等。外形见图 1-25。

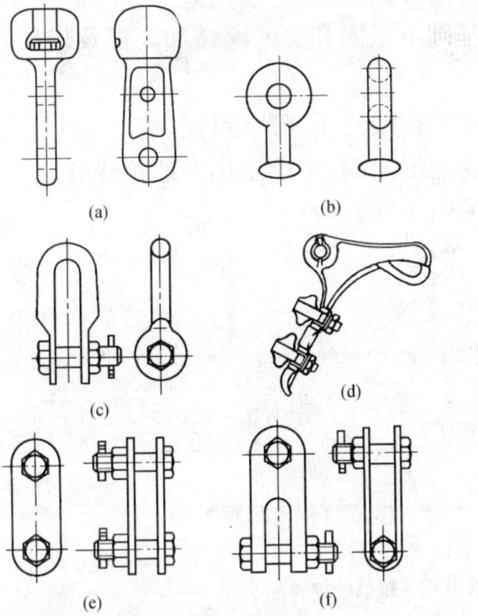

图 1-24　常用连接金具

(a)碗头挂板;(b)球头挂板;(c)U 形挂环;(d)耐张线夹;(e)平行挂板;(f)直角挂板

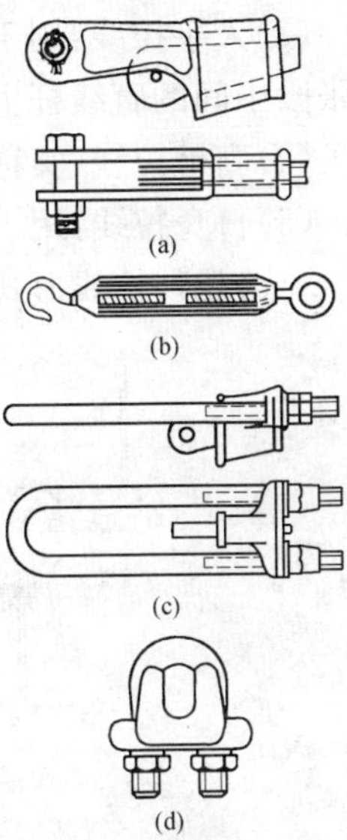

图 1-25　常用拉线金具

(a)楔形线夹;(b)花篮螺栓;(c)UT 形线夹;(d)钢线卡子

4. 拉线

架空线路中终端电杆、转角电杆、分支电杆和耐张电杆等电杆在架线以后,会发生受力不平衡现象,为了使电杆能稳固,常用拉线来帮助实现。有时,因电杆的埋设基础不牢固,不能维持电杆的稳固,也使用拉线来补强。还有因荷重超过电杆的安全强度，利用拉线来减小其弯曲力矩。拉线在架空配电线路中用得很多，按其用途和结构不同，拉线分成以下几种类型。

(1)尽头拉线(又称普通拉线)：用于终端杆和分支杆。

(2)转角拉线：用于转角杆。

(3)人字拉线：用于基础不坚固和交叉跨越加高杆及较长的耐张段中间的直线杆上。

(4)高桩拉线(又称水平拉线)：用于跨越杆。

(5)自身拉线：用于受地形限制，不能采用一般拉线处。

上述几种拉线形式见图 1-26。

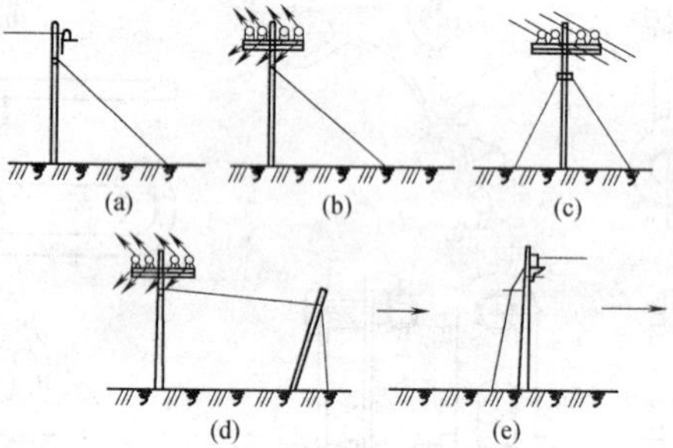

图 1-26　拉线的种类

(a)尽头拉线；(b)转角拉线；

(c)人字拉线；(d)高桩拉线；(e)自身拉线

5. 横担

横担装在电杆的上端，用来安装绝缘子或者固定开关设备及避雷器等，因此，应具有一定的长度和机械强度。

横担按使用的材质分，有木横担、铁横担和陶瓷横担三种。木横担因易腐烂，使用年限短，现在已很少使用。铁横担是用角钢制成的，因其坚固耐用，所以目前应用最广，但需注意，在安装前均须镀锌，以防生锈。陶瓷横担又称瓷横担绝缘子，它同时起到横担和绝缘子两者的作用。它具有较高的绝缘水平，而且在线路导线发生断线故障时，能自动转动，不致因一处断线而扩大事故，并能节约木材、钢材，降低线路造价等。陶瓷横担由我国发明并首先在架空线路上使用，受到国际电力行业高度好评，并采用推广。陶瓷横担的外形见图1-27。

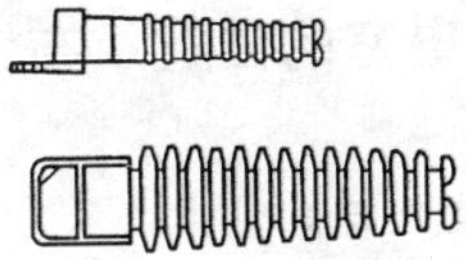

图1-27 陶瓷横担

第2部分　建筑电工岗位操作技能

一、施工现场配电室的位置及布置

1. 配电室的位置及建筑要求

(1)配电室的位置选择原则。

不管采用何种取电方式,取得的电源都需要通过配电室再分配给所有的现场用电设备。正确地选择配电室的位置,将使施工现场的配电系统得到合理的布局和安全的运行,并能提高供电质量。配电室的选址应符合下列原则:

①配电室应尽量靠近负荷中心,以减少配电线路的线缆长度并减小导线截面,进而提高配电质量,同时还能使配电线路清晰,便于检查、维护,节约投资。

②进出线方便,且便于电气设备的搬运。

③尽量设在污染源的上风侧,以防止因空气污秽而引起电气设备绝缘、导电水平下降。

④尽可能避开多尘、振动、高温、潮湿等环境场所,以防止尘埃、潮气、高温对配电装置的导电、绝缘部分的侵蚀,以及振动对配电装置运行的影响。

⑤不应设在容易积水的地方以及它的正下方。

(2)配电室建筑要求。

配电室建筑有如下基本要求:

①配电室建筑物的耐火等级应不低于三级。

②配电室的长度和宽度视配电屏的数量和排列方式而定，长度不足 6m 时允许只设一个门，长度为 6～15m 时两端各设一个出入口，长度超过 15m 时两端各设一个出入口、中间增加一个出入口，使两出入口间距不超过 15m。门宽一般取 1～1.2m，门高取 2～2.2m。配电室内净高度不得低于 3m。

③配电室应做到防火、防雨雪、防潮汛、防小动物和通风良好。

④配电室门应向外开启并设置锁具。

2. 配电装置的布置

配电室一般为相对独立的建筑物，内置配电装置，配电屏是常用的配电装置。由于配电屏是经常带电的配电装置，为保障其运行安全和检查、维修安全，必须按下述要求设置配电屏。

(1)配电屏与其周围应保持可靠的电气安全距离。配电屏正面的操作通道宽度：单列布置时不应小于 1.5m，双列布置时不应小于 2m；配电屏后面的维护、检修通道宽度不应小于 0.8m，在建筑物的个别结构凸出部位，宽度允许减小为 0.6m，若通道两面都有设备，宽度不应小于 1.5m，见图 2-1～图 2-4。

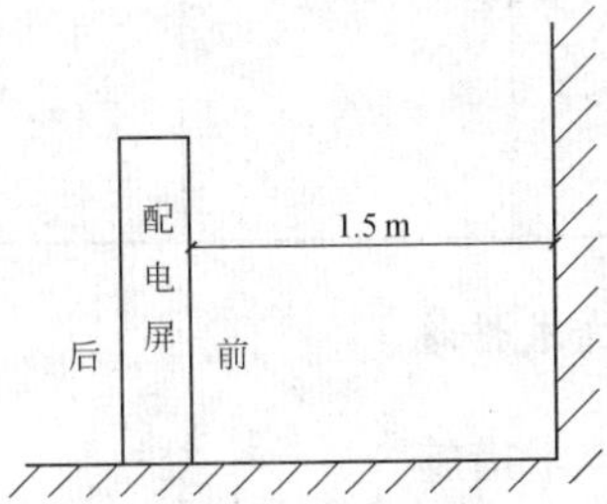

图 2-1　单列布置

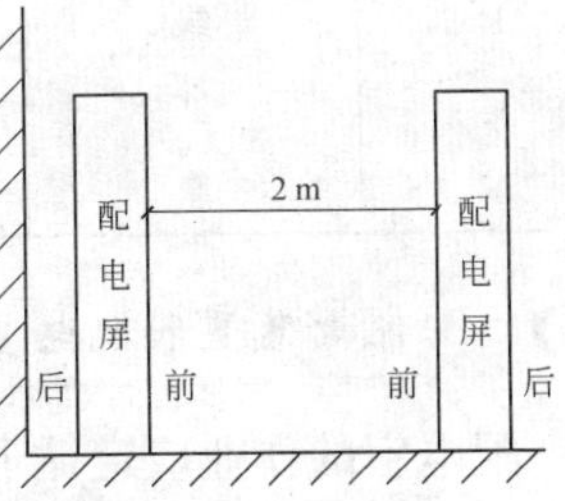

图 2-2　双列布置

(2)为防止人员误碰带电的裸导体部分而造成触电，规定配电设备的裸导体部分离地高度不得低于2.5m，若低于2.5m应加装遮护罩。遮护材料可用网孔不大于20mm×20mm的钢丝网或无孔的铁板或绝缘板。网式遮护至裸导体的距离不应小于100mm，无孔板式遮护至裸导体的距离不应小于50mm，遮护围栅高度不应低于1.7m。

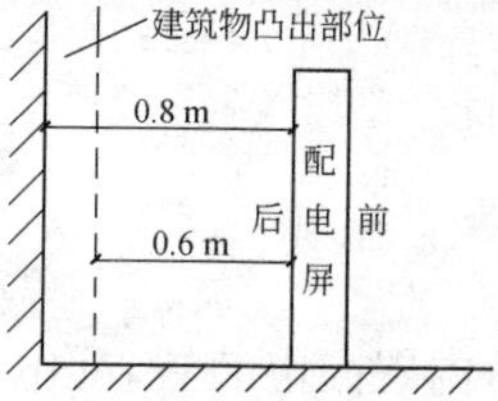

图 2-3　配电屏与墙间距

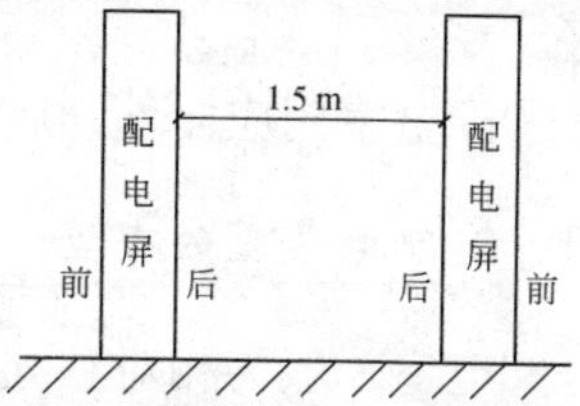

图 2-4　配电屏之间间距

(3)母线均应涂刷有色油漆，其涂色应符合表2-1的规定（以屏的正面方向为准）。

表 2-1　母线涂色

相别	颜色	垂直排列	水平排列	引下排列
A	黄	上	后	左
B	绿	中	中	中
C	红	下	前	右
N	黑			

3. 配电装置和配电室的安全技术措施

配电室的作业应遵循下列安全技术措施。

(1)成列的配电屏两端应与重复接地线和专用保护零线做电气联接，以实现所有配电屏正常不带电的金属部件为与大地等电位的等位体。

(2)配电屏上的各条线路均应统一编号,并作出用途标记,以便于运行管理、安全操作。

(3)配电屏应装设短路、过负荷、漏电等电气保护装置。

(4)配电屏或配电线路检修时,应停电并在受停电影响的各配电箱和开关箱处悬挂标志牌,以免停、送电时发生误操作。

(5)配电室的地坪上应敷设绝缘垫,配备绝缘用具、灭火器材等安全用品,并须配置停电检修用的接地棒。

(6)配电室应设置照明灯,其开关应设在门外或进门处。

(7)配电室门外及室内应设置安全警示标志,室内不得堆放杂物,保持通道畅通,并不得带进食物。

二、施工现场配电箱和开关箱安装

配电箱和开关箱统称为电箱,它们是施工现场中接受外来电源并向各用电设备分配电力的装置,是施工现场临时用电电气系统中的重要环节。相比较于配电室、架空线路或电缆线路,电箱是向用电设备输送电力和提供电气保护的装置,更易于被施工现场各类人员——不管是电气专业人员还是非电气专业人员接触到。而电箱中各种元器件的设置正确与否、电箱使用与维护的得当与否,直接关系到电气系统中上至配电电线电缆,下至用电设备各个部分的电气安全,关系到现场人员的人身安全。因此,电箱的设置与维护,对于施工现场的安全生产具有极其重大的意义。

1. 配电箱和开关箱设置原则

施工现场临时用电的配电系统必须做到“三级配电,二级保护”,这是一个总的配电系统设置原则,它有利于现场电气系统的维护,充分保证施工安全。

“三级配电，二级保护”主要包含以下几方面的要求：

(1)现场的配电箱、开关箱要按照“总—分—开”的顺序作分级设置。在施工现场内应设总配电箱(或配电室)，总配电箱下设分配电箱，分配电箱下设开关箱，开关箱控制用电设备，形成“三级配电”。

(2)根据现场情况，在总配电箱处设置分路漏电保护器，或在分配电箱处设置漏电保护器，作为初级漏电保护，在开关箱处设置末级漏电保护器，这样就形成了施工现场临时用电线路和设备的“二级漏电保护”。

(3)现场所有的用电设备都要有其专用的开关箱，做到“一机、一箱、一闸、一漏”；对于同一种设备构成的设备组，在比较集中的情况下可使用集成开关箱，在一个开关箱内每一个用电设备的配电线路和电气保护装置作分路设置，保证“一机、一闸、一漏”的要求。

如前所述，配电箱和开关箱的设置原则就是“三级配电，二级保护”和“一机、一箱、一闸、一漏”。现场临时用电系统分总配电箱、分配电箱和开关箱三个层次向用电设备输送电力，而每一台用电设备都应有专用的开关箱，箱内应设有隔离开关和漏电保护器，而总配电箱内还应设有总漏电保护器，形成每台用电设备至少有两道漏电保护装置。

实际使用中，施工现场可根据实际情况，增加分配电箱的级数以及在分配电箱中增设漏电保护器，形成三级以上配电和二级以上保护。图 2-5 为典型的三级配电结构图。

出于安全照明的考虑，施工现场照明的配电应与动力配电分开而自成独立的配电系统，这样就不会因动力配电的故障而影响到现场照明。

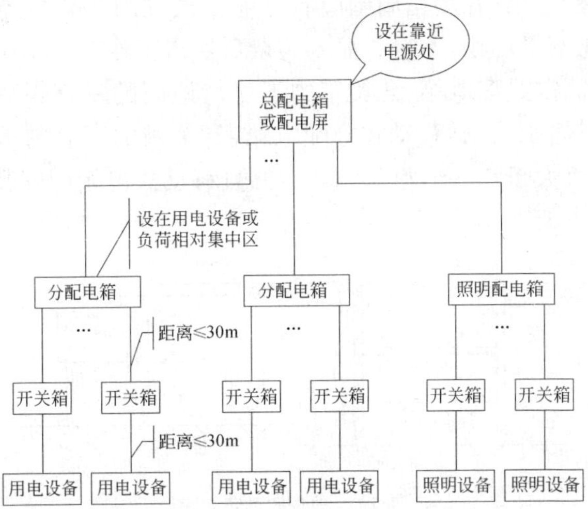

图 2-5　三级配电结构图

2. 配电箱与开关箱的设置点选择和环境要求

配电箱、开关箱的位置选择和环境条件是关系到配电箱和开关箱能否安全使用的重要问题。

(1)位置的选择规定。

①总配电箱应设在靠近电源处;分配电箱应设在用电负荷或设备相对集中地区,分配电箱与各用电设备的开关箱之间的距离不得超过 30m 见图 2-5。

②开关箱应设在所控制的用电设备周围便于操作的地方,与其控制的固定式用电设备水平距离不宜过近,防止用电设备的振动给开关箱造成不良影响,也不宜过远,便于发生故障时能及时处理,一般控制在不超过 3m 为宜。

③配电箱、开关箱周围应有足够二人同时工作的空间和通道，箱前不得堆物，不得有灌木与杂草妨碍工作。

④固定式配电箱、开关箱的下底与地面的垂直距离宜大于1.3m，小于1.5m。移动式分配电箱、开关箱的下底与地面的垂直距离宜大于0.6m，小于1.5m，并且移动式电箱应安装在固定的金属支架上，见图2-6。

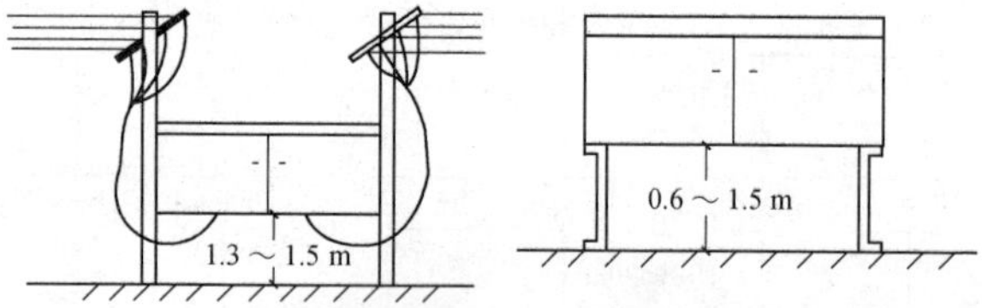

图2-6 电箱安装示意图

(2)环境的要求。

①配电箱、开关箱应装设在干燥、通风及常温的场所，并尽量做到防雨、防尘。

②不得装设在对电箱有损伤作用的瓦斯、蒸汽、烟气、液体、热源及其他有害物质的恶劣环境。

③电箱应避免外力撞击、坠落物及强烈振动，可在其上方搭设简易防护棚。

④不得装设在有液体飞溅和受到浸湿及有热源烘烤的场所。

3. 配电箱、开关箱装设的安全技术要求

为了确保配电箱、开关箱及其内部装接的电器能够安全、可靠地运行，还应对配电箱、开关箱本身采取有效的安全技术措施。

(1)配电箱、开关箱的材质要求。

①配电箱、开关箱应采用冷轧钢板或优质绝缘材料制作，冷轧钢板的厚度应大于 1.5mm，当箱体宽度超过 500mm 时应做双开门。

②配电箱、开关箱的金属外壳构件应经过防腐、防锈处理，同时应经得起在正常使用条件下可能遇到潮湿的影响。

③电箱内的电器安装板应采用非金属的或非木质的绝缘材料。

④不宜采用木质材料制作配电箱、开关箱，因为木质电箱易腐蚀、受潮而导致绝缘性能下降，而且机械强度差，不耐冲击，使用寿命短，另外铁质电箱便于整体保护接零。

(2)电箱内电器元件的安装要求。

电箱及其内部的电器元件必须是通过国家强制性产品认证(3C 认证)的产品。

电箱内电器元件的安装要求如下：

①电箱内所有的电气元件必须是合格品，不得使用不合格的、损坏的、功能不齐全的或假冒伪劣的产品。

②电箱内所有电器元件必须先安装在电器安装板上，再整体固定在电箱内，电器元件应安装牢固、端正，不得有任何松动、歪斜。

③电器元件之间的距离及其与箱体之间的距离应符合表 2-2 的规定。

表 2-2　电器元件排列间距

部位	最小间距/mm
仪表侧面之间或侧面与盘边	60 以上
仪表顶面或出线孔与盘边	50 以上
闸具侧面之间或侧面与盘边	30 以上

续表

部位		最小间距/mm	
插入式熔断器顶面或底面与出线孔	插入试熔断器规格	10～15A	20 以上
		20～30A	30 以上
		60A	50 以上
仪表、胶盖闸顶面或底面与出线孔	导线截面	10mm 及以上	80
		16～25mm^2	100

④电箱内不同极性的裸露带电导体之间以及它们与外壳之间的电气间隙和爬电距离应不小于表 2-3 的规定。

表 2-3 电气间隙和爬电距离

额定绝缘电压	电气间隙/mm		爬电距离/mm	
	≤63A	>63A	≤63A	>63A
$U_i \leqslant 60$	3	5	3	5
$60 < U_i \leqslant 300$	5	6	6	8
$300 < U_i \leqslant 600$	8	10	10	12

⑤电箱内的电器元件安装常规是左大右小，大容量的开关电器、熔断器布置在左边，小容量的开关电器、熔断器布置在右边。

⑥电箱内的金属安装板、所有电器元件在正常情况下不带电的金属底座或外壳、插座的接地端子，均应与电箱箱体一起做可靠的保护接零，保护零线必须采用黄绿双色线，并通过专用接线端子连接，与工作零线相区别。

(3)配电箱、开关箱导线进出口处的要求。

①配电箱、开关箱电源的进出规则是下进下出，不能设在顶面、后面或侧面，更不能从箱门缝隙中引进或引出导线。

②在导线的进、出口处应加强绝缘，并将导线卡固。

③进、出线应加护套，分路成束并做防水弯，导线不得与箱体进、出口直接接触，进出导线不得承受超过导线自重的拉力，以防接头拉开。

(4)配电箱、开关箱内连接导线要求。

①电箱内的连接导线应采用绝缘导线，性能应良好，接头不得松动，不得有外露导电部分。

②电箱内的导线布置要横平竖直，排列整齐，进线要标明相别，出线须做好分路去向标志，两个元器件之间的连接导线不应有中间接头或焊接点，应尽可能在固定的端子上进行接线。

③电箱内必须分别设置独立的工作零线和保护零线接线端子板，工作零线和保护零线通过端子板与插座连接，端子板上一只螺钉只允许接一根导线。

④金属外壳的电箱应设置专用的保护接地螺钉，螺钉应采用不小于 M8 镀锌或铜质螺钉，并与电箱的金属外壳、电箱内的金属安装板、电箱内的保护中性线可靠连接，保护接地螺钉不得兼作他用，不得在螺钉或保护中性线的接线端子上喷涂绝缘油漆。

⑤电箱内的连接导线应尽量采用铜线，铝线接头万一松动的话，可能导致电火花和高温，使接头绝缘烧毁，引起对地短路故障。

⑥电箱内母线和导线的排列(从装置的正面观察)应符合表 2-4 的规定。

表 2-4　电箱内母线和导线的排列

相别	颜色	垂直排列	水平排列	引下排列
A	黄	上	后	左
B	绿	中	中	中
C	红	下	前	右
N	蓝	较下	较前	较右
PE	黄绿相同	最下	最前	最右

(5)配电箱、开关箱的制作要求。

①配电箱、开关箱箱体应严密、端正,防雨、防尘,箱门开、关松紧适当,便于开关。

②所有配电箱和开关箱必须配备门、锁,在醒目位置标注名称、编号及每个用电回路的标志。

③端子板一般放在箱内电器安装板的下部或箱内底侧边,并做好接线标注,工作零线、保护零线端子板应分别标注 N、PE,接线端子与电箱底边的距离不小于 0.2m。

4. 配电箱与开关箱内电器件选择

(1)配电箱与开关箱的电器选择原则。

配电箱、开关箱内的开关电器的选择应能保证在正常和故障情况下可靠分断电源,在漏电的情况下能迅速使漏电设备脱离电源,在检修时有明显的电源分断开关,所以配电箱、开关箱的电器选择应注意以下几点。

①电箱内所有的电器元件必须是合格品。

②电箱内必须设置在任何情况下能够分断、隔离电源的开关电器。

③总配电箱中,必须设置总隔离开关和分路隔离开关,分配电箱中必须设置总隔离开关,开关箱中必须设置单机隔离开关,隔离开关一般用作空载情况下通、断电路。

④总配电箱和分配电箱中必须分别设置总自动开关和分路自动开关,自动开关一般用作在正常负载和故障情况下通、断电路。

⑤配电箱和开关箱中必须设置漏电保护器。

⑥配电箱内的开关电器和配电线路一一对应配合,做分路设置。总开关电路与分路开关电器的额定值、动作整定值应相

适应，确保在故障情况下能分级动作。

⑦开关箱与用电设备之间实行一机一闸制，防止一机多闸带来误动作而出事故，开关箱内开关电器的额定值应与用电设备相适应。

⑧手动开关电器只能用于5.5kW以下的小容量的用电设备和照明线路，手动开关通、断电速度慢，容易产生强电弧，灼伤人或电器，故对于大容量的动力电路，必须采用自动开关或接触器等进行控制。

(2)配电箱与开关箱的电器选择要求。

根据上述电器选择原则，配电箱和开关箱的电器设置应符合以下要求。

①总配电箱内应装设总隔离开关和分路隔离开关、总自动开关和分路自动开关(或总熔断器和分路熔断器)、漏电保护器、电压表、总电流表、总电度表及其他仪表。总开关电器的额定值、动作整定值应与分路开关电器的额定值、动作整定值相适应。若漏电保护器具备自动空气开关的功能则可不设自动空气开关和熔断器。

②分配电箱内应装设总隔离开关、分路隔离开关、总自动开关和分路自动开关(或总熔断器和分路熔断器)，总开关电器的额定值、动作整定值应与分路开关电器的额定值、动作整定值相适应。必要的话，分配电箱内也可装设漏电保护器。

③开关箱内应装设隔离开关、熔断器和漏电保护器，漏电保护器的额定动作电流应不大于30mA，额定动作时间应小于0.1s(36V及以下的用电设备如工作环境干燥可免装漏电保护器)。若漏电保护器具备自动空气开关的功能则可不设熔断器。每台用电设备应有各自的专用开关箱，实行“一机一闸”制，严禁用同一个开关电器直接控制2台及2台以上用电

设备(含插座)。

(3)配电箱、开关箱中常用的开关电器选择。

①刀开关。刀开关的额定电流有 30、60、100、200、300、…、1500A 等多种等级,选择刀开关应根据电源类别、电压、电流、电动机容量、极数等来考虑,其额定电压应不小于线路额定电压,额定电流应不小于线路额定电流。

②熔断器。熔断器的选择,除按额定电压、环境要求外,主要是选出熔体和熔管的额定电流,现分述如下。

a. 熔断器熔体选择方法如下。

用于保护照明和电热电路:熔体的额定电流≥所有电具额定电流之和。

用于保护单台电动机:熔体的额定电流≥(2.5~3.0)×电动机的额定电流。

用于保护多台电动机:总熔体额定电流≥(2.5~3.0)×容量最大一台电动机的额定电流+其余各台电动机的额定电流之和。

b. 熔断器(熔管)额定电流的确定:

按熔体的额定电流及产品样本数据可确定熔断器的额定电流,同时熔断器的最大分断电流应大于熔断器安装处的冲击短路电流有效值。

c. 熔断器选择的要点如下:

为保证前后级熔断器动作的选择性,一般要求前一级熔体电流应比下一级熔体电流大 2~3 级;

用熔断器保护线路时,熔体的额定电流应不大于导体允许载流量的 250%(从电动机启动电流考虑),但对明敷绝缘导线应不大于 150%,否则对导线起不到保护作用。

③自动空气开关。自动空气开关的选择应满足以下条件:

a.额定电压应不小于回路工作电压。

b.额定电流应不小于回路的计算电流。

c.对于动作时间不大于0.02s的断路器,其分断电流应不小于短路冲击电流;对于动作时间大于0.02s的断路器,其分断电流应不小于短路电流。

5.配电箱与开关箱的使用和维护

配电箱与开关箱是施工现场临时用电工程中操作频繁、故障多发的电气装置。因此,保障其安全运行,对于减少或杜绝电气伤害事故是一项十分重要的工作。为了达到安全用电、供电,对配电箱、开关箱的维护保养,安全使用应当采取相应的安全技术措施。

(1)配电箱与开关箱使用的安全技术措施。

①各配电箱、开关箱必须做好标志。为加强对配电箱、开关箱的管理,保障正确的停、送电操作,防止误操作,所有配电箱、开关箱均应在箱门上清晰地标注其编号、名称、用途,并做分路标志。

所有配电箱、开关箱必须专箱专用,不得随意另行挂接其他临时用电设备。

②配电箱、开关箱必须按序停、送电。为防止停、送电时电源手动隔离开关带负荷操作,以及便于对用电设备在停、送电时进行监护,配电箱、开关箱之间应遵循一个合理的操作顺序,停电操作顺序应当是从末级到初级,即用电设备→开关箱→分配电箱→总配电箱(配电室内的配电屏);送电操作顺序应当是从初级到末级,即总配电箱(配电室内的配电屏)→分配电箱→开关箱→用电设备。若不遵循上述顺序,就有可能发生意外操作事故。送电时,若先合上开关箱内的开关,后合配电箱内的开

关，就有可能使配电箱内的隔离开关带负荷操作，产生电弧，对操作者和开关本身都会造成损伤。

③配电箱、开关箱必须配门锁。由于配电箱中的开关是不经常操作的，电器又是经常处于通电工作状态，其箱门长期处在开启状态，容易受到不良环境的侵害。为了保障配电箱内的开关电器免受不应有的损害和防止人体意外伤害，对配电箱加锁是完全有必要的。

④对配电箱、开关箱操作者的要求。为了确保配电箱、开关箱的正确使用，应对配电箱、开关箱的操作人员进行必要的技术培训与安全教育。配电箱、开关箱的使用人员必须掌握基本的安全用电知识，了解所使用设备的性能，熟悉有关开关电器的正确操作方法。

配电箱、开关箱的操作者上岗时应按规定穿戴合格的绝缘用品，并检查、认定配电箱、开关箱及其控制设备、线路和保护设施完好后，方可进行操作。如通电后发现异常情况，如电动机不转动，则应立即拉闸断电，请专业电工进行检查，待消除故障后，才能重新操作。

(2)配电箱、开关箱的维修技术措施。

施工现场临时用电工程的环境，在客观上比正式用电工程的环境条件要差，所以对配电箱、开关箱应加强检查。

①配电箱、开关箱必须每月进行一次检查和维护，定期巡检、检修由专业电工进行，检修时应穿戴好绝缘用品。

②检修配电箱和开关箱时，必须将前一级配电箱的相应的电源开关拉闸断电，并在线路断路器(开关)和隔离开关(刀闸)把手上悬挂“停电检修”标志牌，检修用电设备时，必须将该设备的开关箱的电源开关拉闸断电，并在断路器(开关)和隔离开关(刀闸)把手上悬挂“停电检修”标志牌，不得带电作业。在检修

地点还应悬挂工作指示牌。

③配电箱、开关箱应保持整洁，不得再挂接其他临时的用电设备。箱内不得放置任何杂物，特别是易燃物，防止开关电器的火花点燃易燃物品起火爆炸和防止放置金属导电器材，意外碰触到带电体引起电器短路和人体触电。

④箱内电器元件的更换必须坚持同型号、同规格、同材料，并有专职电工进行更换，禁止操作者随意调换，防止换上的电器元件与原规格不符或随意用其他金属材料代替。

⑤施工现场配电箱、开关箱的周围环境条件往往不是一成不变的。随着工程的进展必须对配电箱、开关箱的周围环境做好检查，特别是进、出导线的检查，避免机械受伤和坠落物及地面堆物使导线的绝缘损伤等损坏现象。情况严重时除进行修理、调换外还应对配电箱、开关箱的位置做出适当调整或搭设防护设施，确保配电箱、开关箱的安全运行。

三、施工现场的配电线路安装

1. 导线截面的选择

(1)导线截面的选择。

电线和电缆的型号应根据其所处的电压等级和使用场所来选择，截面则应按下列原则进行选择。

①按发热条件选择：在最大允许连续负荷电流下，导线发热不超过线芯所允许的温度，不会因过热而引起导线绝缘损坏或加速老化。

②按机械强度条件选择：在正常工作状态下，导线应有足够的机械强度，以防断线，保证安全可靠运行。导线最小允许截面见表 2-5。

表 2-5　　按机械强度要求的导线最小允许截面

用途			线芯最小截面/mm^2	
			铜线	铝线
照明用灯头引下线		室内	0.5	2.5
		室外	1.0	2.5
架设在绝缘支持件上的绝缘导线，其支持点间距为	1m 及以下	室内	1.0	1.5
		室外	1.5	2.5
	2m 及以下	室内	1.0	2.5
		室外	1.5	2.5
	6m 及以上		2.5	4
	12m 及以下		2.5	6
使用绝缘导线的低压接户线		档距 10m 以下	2.5	4
		档距 10～25m	4	6
穿管敷设的绝缘导线			1.0	2.5
架空线路(1kV 以下)	一般位置		10	16
	跨越铁路、公路、河流		16	35
电气设备保护零线			2.5	不允许
手持式用电设备电缆的保护零线			1.5	不允许

③按允许电压损失选择：导线上的电压损失应低于最大允许值，以保证供电质量。各种用电设备端允许的电压偏移见表 2-6。

表 2-6　　各种用电设备端允许的电压偏移范围

用电设备种类及运转条件	允许电压偏移值/(%)	
	−	+
电动机	5	5
起重电动机(起动时校验)	15	
电焊设备(在正常尖峰焊接电流时持续工作)	8～10	

续表

用电设备种类及运转条件			允许电压偏移值/(%)	
			−	＋
照明	室内照明在视觉要求较高的场所	(1)白炽灯	2.5	5
		(2)气体放电灯	2.5	5
	室内照明在一般工作场所		6	
	露天工作场所		5	
	事故照明、道路照明、警卫照明		10	
	12～36V 照明		10	

④单相回路中的中性线截面与相线截面相同，三相四线制的中性线截面和专用保护零线的截面不小于相线截面的 50%。

⑤室内配线所用导线截面，应根据用电设备的计算负荷确定，但铝线截面不应小于 2.5mm^2，铜线截面不小于 1.5mm^2。

在按上述不同条件选出的截面中，选择其中的最大值作为应该选取的导线截面。当施工现场需要确定导线的直径时，一种方法是用游标卡尺进行测量，另一种方式是只须量出一定长度(整数值)内的导线圈数，两者相除，即得到导线的直径数值，见图 2-7。

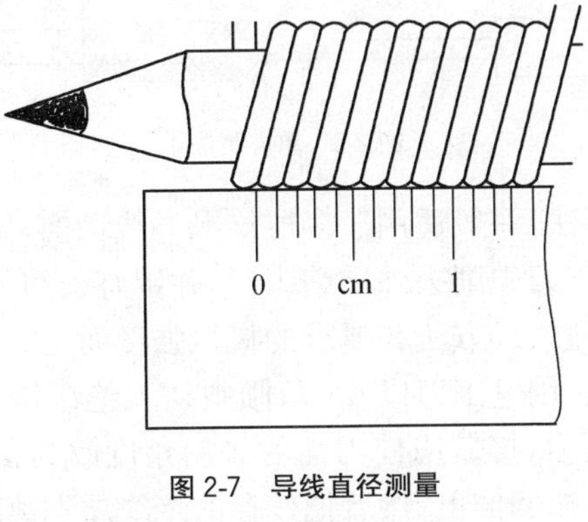

图 2-7　导线直径测量

(2)导线连接应具备的条件。

①导线接头不能增加电阻值。

②受力导线不能降低原机械强度。

③不能降低原绝缘强度。

为了满足上述要求，在导线做电气连接时，必须先削掉绝缘层再进行连接，而后加焊，包缠绝缘材料。

2. 剥削绝缘层使用工具及方法

(1)剥削绝缘层使用工具。

由于各种导线截面、绝缘层厚薄程度、分层多少都不同，因此使用剥削的工具也不同。常用的工具有电工刀、克线钳和剥线钳，可进行削、勒及剥削绝缘层。一般 4mm² 以下的导线原则上使用剥线钳，但使用电工刀时，不允许采用刀在导线周围转圈剥削绝缘层的方法。

(2)剥削绝缘方法。

①单层剥法：不允许采用电工刀转圈剥削绝缘层，应使用剥线钳见图 2-8。

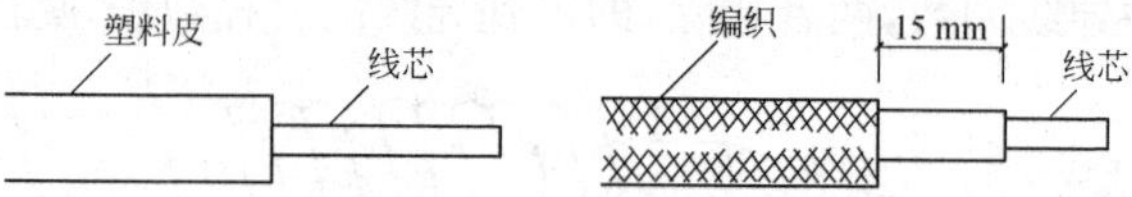

图 2-8　单层剥法

②分段剥法：一般适用于多层绝缘导线剥削，如编织橡皮绝缘导线，用电工刀先削去外层编织层，并留有长约 12mm 的绝缘层，线芯长度随接线方法和要求的机械强度而定。

③斜削法：用电工刀以 45°角倾斜切入绝缘层，当切近线芯时就应停止用力，接着应使刀面的倾斜角度改为 15°左右，沿着线芯表面向头端部推出，然后把残存的绝缘层剥离线芯，用刀口

插入背部以 45°角削断见图 2-9。

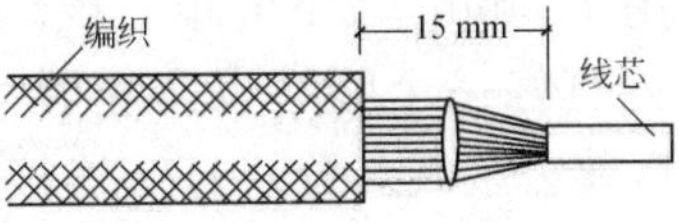

图 2-9　斜剥法

3. 导线连接方法

(1)单芯铜导线的直线连接。

①绞接法:适用于 $4mm^2$ 及以下的单芯线连接。将两线互相交叉,用双手同时把两芯线互绞两圈后,将两个线芯在另一个芯线上缠绕 5 圈,剪掉余头见图 2-10。

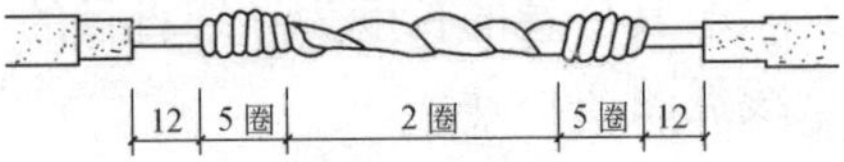

图 2-10　单芯铜导线连接的绞接法

②缠绕卷法:有加辅助线和不加辅助线两种,适用于 $6mm^2$ 及以上的单芯线的直线连接。将两线相互合并,加辅助线后用绑线在合并部位中间向两端缠绕,其长度为导线直径 10 倍,然后将两线芯端头折回,再向外单独缠绕 5 圈,与辅助线捻绕 2 圈,余线剪除见图 2-11。

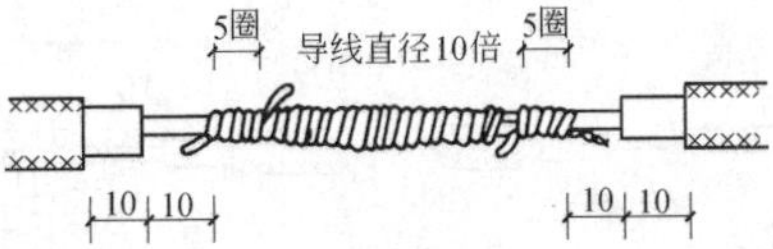

图 2-11　单芯铜导线连接的缠绕卷法

(2)单芯铜导线的分支连接。

①绞接法:适用于 $4mm^2$ 以下的单芯线。用分支线路的导线往干线上交叉,先打好一个圈结以防止脱落,然后再密绕 5 圈。分线缠绕完后,剪去余线。分线打结连接和小截面分线连接的具体做法见图 2-12。

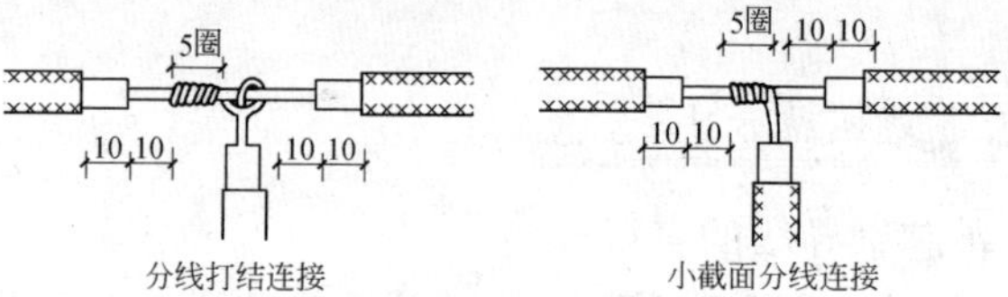

图 2-12 单芯铜导线连接的绞接法

②缠卷法:适用于 $6.0mm^2$ 及以上单芯线的连接。将分支线折成 90°紧靠干线,其公卷的长度为导线直径的 10 倍,单卷缠绕 5 圈后剪断余线见图 2-13。

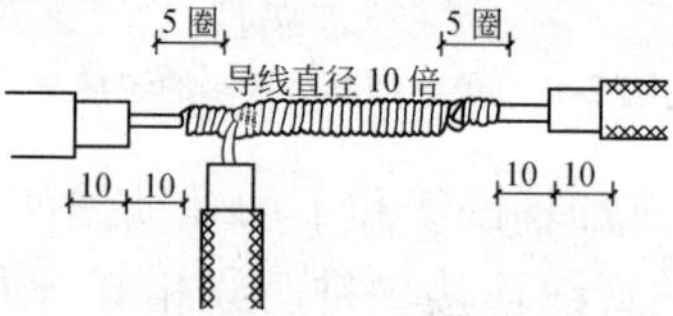

图 2-13 单芯铜导线的缠卷法

③十字分支连接法见图 2-14。

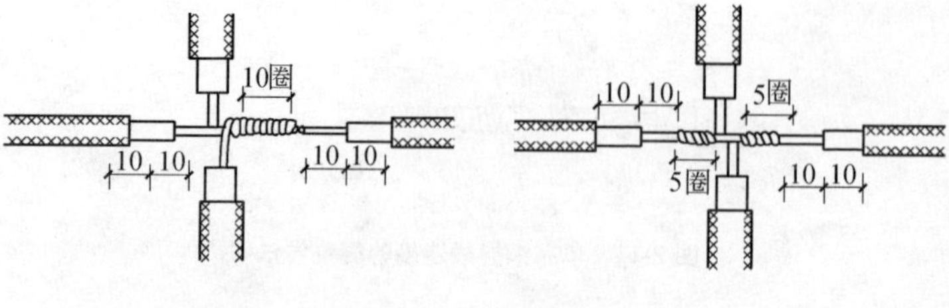

图 2-14 十字分支连接法

(3)多芯铜导线直接连接。

多芯铜导线的连接共有三种方法,即单卷法、缠卷法和复卷法。首先用细砂布将线芯表面的氧化膜除去,将两线芯导线接合处的中心线剪掉2/3,将外侧线芯做伞状张开,相互交错叉成一体,并将已张开的线端合成一体见图2-15。

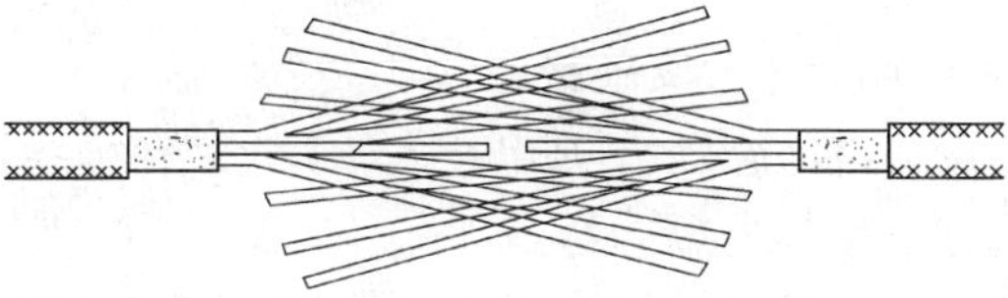

图2-15　多芯铜导线直接连接

①单卷法:取任意一侧的两根相邻的线芯,在接合处中交叉,用其中的一根线芯作为绑线,在导线上缠绕5~7圈后,再用另一根线芯与绑线相续后,把原来的绑线压住上面继续按上述方法缠绕,其长度为导线直径的10倍,最后缠卷的线端与一条线捻绞2圈后剪断。另一侧的导线依次进行。注意,应把线芯相绞处排列在一条直线上见图2-16。

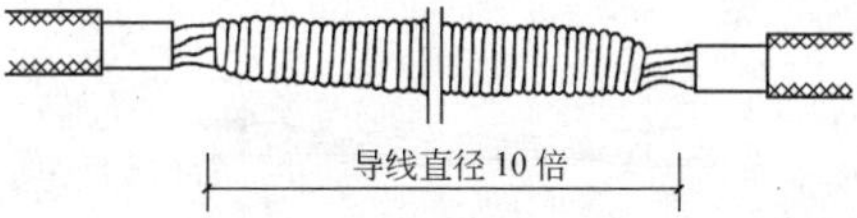

图2-16　单卷法

②缠卷法:与单芯铜导线直线缠绕相同。

③复卷法:适用于多芯软导线的连接。把合拢的导线一端用短绑线做临时绑扎,以防止松散,将另一端线的线芯全部紧密缠绕3圈,多余线端依次阶梯式剪除。另一端也按照此方法处理见图2-17。

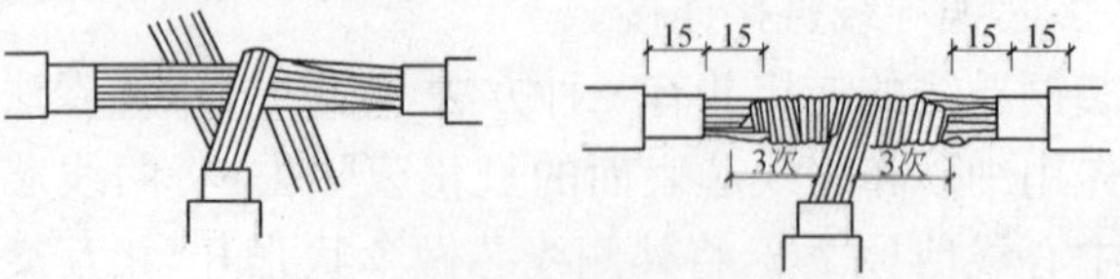

图 2-17 复卷法

(4)多芯铜导线分支连接。

①缠卷法:将分支线折成 90°紧靠干线。在绑线端部适当处弯成半圆形,将绑线短端弯成与半圆形成 90°,并与连接线靠紧,用较长的一端缠绕,其长度应为导线结合处直径的 5 倍,再将绑线两端捻绞 2 圈,剪掉余线见图 2-18。

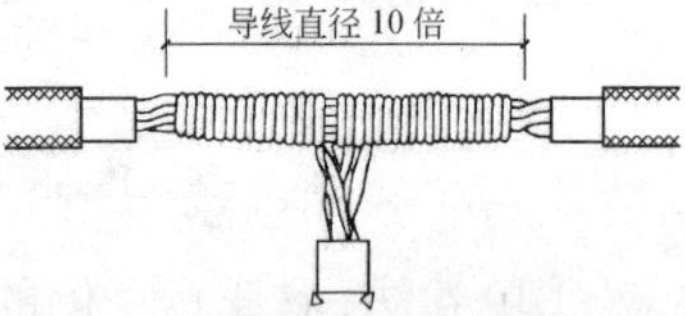

图 2-18 多芯铜导线分支连接的缠卷法

②单卷法:将分支线破开(或劈开两半),根部折成 90°紧靠干线,用分线其中的一根在干线上缠圈,缠绕 3～5 圈后剪断,再用另一根线芯继续缠绕 3～5 圈后剪断,按此方法直至连接到两边导线直径的 5 倍时为止。应保证各剪断处在同一直线上见图 2-19。

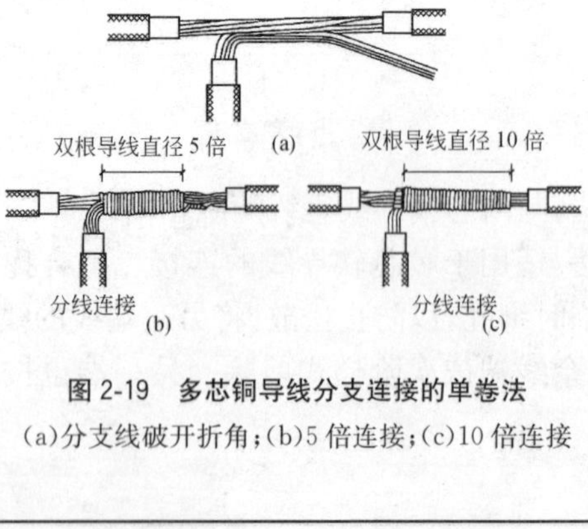

图 2-19 多芯铜导线分支连接的单卷法

(a)分支线破开折角;(b)5 倍连接;(c)10 倍连接

4. 架空线路安装

(1)档距与弧垂的确定。

①档距。在架空线路中,沿线路方向相邻两杆塔导线悬挂点之间的水平距离称为档距(又称跨距),档距可根据线路通过的地区和电压类别,按表 2-7 所列数据范围选择确定。

表 2-7　架空线路的档距允许范围　(单位:m)

线路通过地区	高压	低压
城　　区	40～50	30～45
城郊或乡村	50～100	40～60
厂区或居民小区	35～50	30～40

②弧垂。在线路档距内,由于导线自身荷重而产生下垂弧度,见图 2-20。将导线下垂圆弧最低点水平切线与档距端导线悬挂点之间的垂直距离称作导线弧垂或弧度,弧垂必须满足施工要求。导线弧垂与当地气候条件、档距和导线型号、规格等因素有关,导线弧垂大小可按公式计算,或根据当地供电部门提供的架空线路导线弧垂表查取。

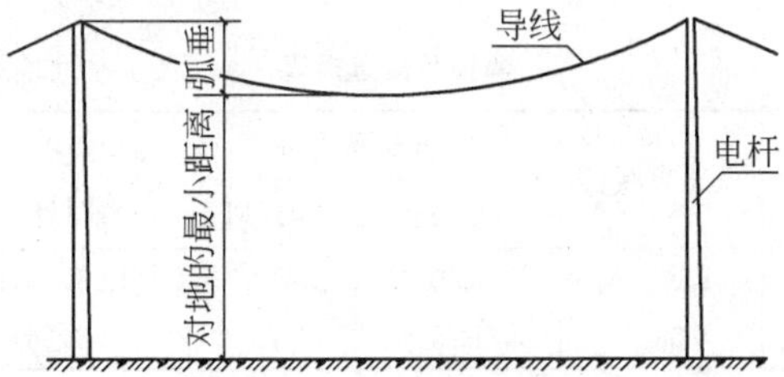

图 2-20　架空线路档距与弧垂

(2)横担及绝缘子安装。

横担与绝缘子组装后,用金具固装在电杆上,用以架设导线、避雷装置和开关器件等，在工程上一般多采用横担和陶瓷横担。陶瓷横担又同时兼作绝缘子，主要应用于直线杆上；铁横担则又分为单横担和双横担，有二线、四线和六线等类型。在横担及绝缘子设计安装时，应尽量选用同一型号规格的横担和绝缘子。单横担多用于直线杆和转角小于15°的转角杆上，而终端杆、分支杆、耐张杆和转角大于15°的转角杆则多选用双横担，可参考表2-8和表2-9选择。横担上的绝缘子用于将导线固定在电杆上，以使导线之间或导线与大地之间绝缘，故要求绝缘子应具有足够的电气绝缘强度和机械强度，应具有足够的抗腐蚀、抗污染和抗渗漏等性能。在高压线路中，常将高压悬式绝缘子与蝶式绝缘子组合安装成绝缘子串，绝缘子串使用悬式绝缘子片数的多少由线路额定电压和电杆类型确定。例如在35kV线路中，耐张杆上绝缘子串中的悬式绝缘子为3片。

表2-8　　横担长度选择表　　(单位:mm)

横担长度	低压线路			高压线路		
	二线	四线	六线	二线	水平排列四线	陶瓷横担头部
铁横担	700	1500	2300	1500	2240	800

表2-9　　横担长度选择表　　(单位:mm)

导线截面/mm^2	低压直线杆	低压承力杆		高压直线杆	高压承力杆
		二　线	四线以上		
16、25、35、50、	L50×5	2×L50×5	2×L63×8	L63×6	2×L63×6
70、95、120	×63×6	2×L75×8	2×L75×8	L63×6	2×L75×8

横担一般应水平安装，且与线路方向垂直，其倾斜度不超过1%。直线杆上横担应装设在负荷侧，多层横担应装在同一侧，为了供电安全和检修方便，横担不应超过4层，横担间安全距离

应不小于表2-10所列数据。对于转角杆、分支杆和终端杆，由于承受不平衡导线张力，应将横担装设在张力反方向侧。三相三线制架空线路，导线一般为三角形排列或水平排列；多回路同杆架设时，导线可三角形和水平混合排列。导线水平排列时，最高层横担距杆面300mm；等腰三角形排列时，最高层横担距杆顶600mm；等边三角形排列时，最高层横担距杆顶900mm。

表2-10 多回路导线共杆架设时横担最小间距 (单位:mm)

导线排列方式	直线杆	分支杆或转角杆
高压对高压	800	450/600
高压对低压	1200	1000
低压对低压	600	300
高压对信号线路	2000	2000
低压对信号线路	600	600

注:高压转角杆横担或分支杆横担，距其上层横担450mm，距其下层横担600mm。

横担及绝缘子装设在电杆上后，应对绝缘子进行外观检查，检查其表面有无裂纹，釉面有无脱落等缺陷，并用2500V绝缘电阻表测量绝缘子的绝缘电阻，应不低于300MΩ。如果条件允许，还应进一步做耐压试验。

(3)拉线类型选择。

电杆上架设导线后，终端杆、转角杆和分支杆将承受不平衡导线张力而使线路失去稳定，因此必须装设拉线，以平衡各方位的拉力。土质松软地区，由于基础不牢固，也需要在直线杆上每隔5～10根装设人字拉线或四方拉线，以增强线路稳定性。

拉线通常由上把、中把和下把组成。上把长约2.5m，上端用抱箍或套环固定在电杆合力作用点上，下端经拉线绝缘子及楔形线夹与中把相连接。下把的上端露出地面0.5～0.7m，经花篮螺栓与中把连接，下端与埋深 1.2～2m 的水泥拉线底盘连接。拉线上把和中把多用 $\phi4$ 镀锌铁线或镀锌钢绞线制成；下把大部分埋设在土壤中，容易受到腐蚀，故除了采用 $\phi4$ 镀锌铁线或镀锌钢绞线外，还可采用 $\phi19$ 镀锌铁拉棒，并涂以沥青防腐。当下把采用 $\phi4$ 镀锌铁线时，下把应比上把、中把多 2 股；Y 形拉线的下把为其上部两支拉线股数之和再加 1 股。如果下把超过 9 股时，应采用镀锌铁拉棒。拉线安装收紧后，应使杆顶向拉线一侧倾斜 1/2 杆梢直径。

拉线型号可根据线路导线根数、型号规格和电杆类型，从表 2-11 中查取导线所需拉线的拉力，从表 2-12 选择拉线型号。

表 2-11　　每根导线所需拉线的拉力　　(单位：kN)

导线型号			铝绞线 LJ-(钢芯铝绞线 LGJ-)									
			16	25	35	50	70	95	120	150	185	240
安全系数 k_x			2.5(3)	2.5(3)	2.5(3)	2.5(3)	3(4)	3(4)	3(4)	4(5)	4(5)	4(5)
转角杆(线路转角)	0°～15°	30°	0.53 (0.28)	0.80 (1.24)	1.12 (1.98)	1.61 (2.59)	1.67 (2.75)	2.20 (4.20)	3.00 (5.08)	2.84 (5.18)	3.53 (6.41)	4.28 (8.36)
		45°	0.37 (0.58)	0.57 (0.87)	0.79 (1.42)	1.14 (1.83)	(1.18) 1.94	1.5 (2.97)	2.1 (3.60)	2.01 (3.67)	2.50 (4.55)	3.02 (5.93)
		90°	0.26 (0.41)	0.40 (0.62)	0.56 (0.99)	0.80 (1.29)	0.83 (1.37)	1.10 (2.10)	1.50 (2.54)	1.62 (2.59)	1.77 (3.21)	2.14 (4.18)
	16°～30°	30°	1.04 (1.63)	1.61 (2.43)	2.24 (3.92)	3.22 (5.14)	3.30 (5.43)	4.75 (8.34)	5.94 (10.08)	5.65 (10.30)	6.98 (12.73)	8.51 (16.59)
		45°	0.74 (1.16)	1.14 (1.73)	1.58 (2.78)	2.28 (3.64)	2.33 (3.84)	3.36 (5.90)	4.22 (7.14)	4.00 (7.29)	4.93 (9.02)	6.03 (11.73)
		90°	0.52 (0.81)	0.80 (1.22)	1.12 (1.96)	1.61 (2.57)	1.65 (2.57)	2.37 (4.17)	2.97 (5.04)	2.82 (5.15)	3.49 (6.36)	4.26 (8.30)
转角杆(线路转角)	31°～45°	45°	1.53 (2.41)	2.37 (3.59)	3.30 (5.81)	4.78 (7.61)	3.98 (8.02)	7.00 (12.32)	8.79 (14.91)	8.36 (15.18)	10.32 (18.97)	2.57 (23.87)
		45°	1.08 (1.70)	1.68 (2.54)	2.33 (4.11)	3.35 (5.39)	3.44 (5.69)	4.95 (8.73)	6.23 (10.56)	5.90 (10.75)	7.30 (13.44)	8.89 (17.31)
		90°	0.77 (1.20)	1.20 (1.79)	1.65 (2.90)	2.37 (3.80)	2.43 (4.01)	3.50 (6.16)	4.39 (7.45)	4.18 (7.59)	5.16 (9.57)	6.29 (12.23)

续表

导线型号		铝绞线 LJ-(钢芯铝绞线 LGJ-)									
		16	25	35	50	70	95	120	150	185	240
终端杆	30°	2.00 (3.14)	3.10 (4.49)	4.31 (7.59)	6.22 (9.94)	6.35 (10.49)	9.16 (16.08)	11.47 (19.48)	0.89 (19.85)	13.47 (24.52)	16.42 (31.97)
	45°	1.41 (2.22)	2.19 (3.33)	3.05 (5.37)	4.39 (7.04)	4.50 (7.43)	6.49 (11.38)	8.12 (13.78)	7.71 (14.04)	9.51 (16.77)	11.62 (22.65)
	90°	1.00 (1.57)	1.55 (2.34)	2.16 (3.80)	3.11 (4.97)	3.18 (5.25)	4.55 (8.04)	5.74 (9.74)	5.44 (9.92)	6.74 (12.56)	8.21 (15.98)

注：表中“30°”、“45°”、“90°”为拉线与电杆夹角 θ；转角杆处线路转角 $\alpha>45°$时，可按终端杆数据选择拉线型号。

表 2-12　　拉线允许最大拉力

拉线线材	拉线型号	计算截面 /mm²	极限应力 /(N/mm²)	安全系数 /(k_x)	允许拉力 [P]/kN
镀锌铁绞线	T-3/ϕ4	47.7	363	2.5	5.47
	T-5/ϕ4	62.6	363	2.5	9.09
	T-7/ϕ4	88.0	363	2.5	12.78
	GJ-25	26.6	1177	2.0	15.65
	GJ-35	37.2	1177	2.0	21.89
镀锌钢绞线	GJ-50	49.5	1177	2.0	29.13
	GJ-70	72.2	1177	2.0	42.49
	GJ-100	101.0	1177	2.0	59.44

(4)架空线路的安装。

应根据总建筑平面布置图和地质结构、地形特点，在保证满足有关规范、规定要求的条件下，按路径最短、使用建筑材料最省的原则确定线路走向。线路应尽可能沿公路、铁路架设，以方便杆塔和设备器材运输和线路巡视检修。线路应避开高大机械设备频繁通过地段和各种露天作业场所，减少跨越建筑物或与其他设施交叉。线路应避开易受腐蚀污染、地势低凹易受水淹和易燃易爆等场所。架空线路与其他建筑设施、地物的安全距离见表 2-13。

表 2-13　架空线路对地面、水面的允许距离　(单位:m)

线路经过地区的特点		线路电压/kV	
		<1	1~10
人口密集地区		6.0	6.5
人口非密集地区		5.0	5.5
居民密度很小、交通困难地区		4.0	4.5
步行可到达的山坡		3.0	4.5
步行不可到达的山坡和峭壁等		1.0	1.5
不能通航及浮运的河湖,在冬季时线路至冰面		5.0	5.0
不能通航及浮运的河湖,高水位时线路至水面		1.0	3.0
人行道、巷等区域	裸导线至地面	3.5	—
	绝缘导线至地面	2.5	—

①杆位排定。杆位排定分室内杆位排定设计和室外杆位排定施工。在进行杆位排定设计时,可按上述对架空线路的基本要求确定线路路径并在平面图上用实线表示,杆位用小圆圈表示;同时标注线路的档距、杆型、编号及标高;对转角杆、分支杆还须标注干线或分支线的转角,对于转角杆、分支杆和终端杆,则应标注其拉线的型号及拉线与电杆的安装夹角等;线路上有跨越建筑设施处也应在平面图上标绘出。在室外进行杆位排定施工时,应按施工设计图纸勘测确定线路路径,先确定线路起点、终点、转角点和分支点等杆位,再确定直线段上的杆位(如直线杆、耐张杆)。施工常用"经纬仪定位法"或"三标杆定位法"确定杆位,并在地面上打入主、辅标桩,在标桩上标注电杆编号、杆型等,以便确定是否需要装设拉线和组织挖掘施工等。

②挖坑。电杆按材质分,有木杆、金属杆和水泥杆。由于使

用木杆耗费木材量较大，且寿命短、机械强度较低，故目前已较少采用；金属杆（如铁塔、管型杆等）机械强度高，使用寿命长，但造价高、维护费用较大，故多用于 35kV 及以上架空线路；水泥杆机械强度较高，耐腐蚀，维护费用小，使用寿命长，造价也较低，在 10kV 以下架空线路中获得广泛应用。水泥杆一般为空心环形截面，且有一定锥度（一般为1∶75）。长度分 8m、9m、…、15m 等 7 种，杆高及杆坑参考尺寸见表 2-14。

表 2-14　电杆埋深参考值　（单位：m）

电杆高度	8	9	10	11	12	13	15
杆坑深度	1.5	1.6	1.7	1.8	1.9	2.0	2.3

注：本表适用于沙土、硬塑土，且承力为 19.61～29.42N/cm^2。

杆坑深度与电杆高度及土质情况有关，对于承力杆（如终端杆、转角杆、分支杆和耐张杆）坑底应装设底盘。如果土质压力大于 19.61N/cm^2 时，直线杆坑底可不装设底盘，但如果土质较差或水位较高时，直线杆坑底也应装设底盘，以提高线路的稳定性。

③立杆。为了施工方便，一般先在地面上安装横担及绝缘子、拉线等，待组装好后再进行立杆。立杆多采用汽车悬臂吊车吊装，应使电杆轴线与线路中心偏差不超过 150mm。直线杆及耐张杆轴线应与地面垂直，倾斜度应小于其梢径的 1/4；而终端杆、转角杆和分支杆轴线应向拉线一侧倾斜，但倾斜度应不超过其梢径的 1/2。在立杆时，应注意将电杆安放平稳，横担方位符合前述规定要求，杆坑回填土应逐层夯实，并高出地面 300mm。

④导线架设。在电杆埋设，横担、绝缘子、拉线等安装均完毕后，即可进行架线施工。架线前应首先检查导线型号规格是否与设计要求相符，有无严重机械损伤和锈蚀等问题。

架线施工主要包括放线、导线连接、紧线调整弧垂和导线固定等工序。简述如下：

第一，放线。放线时应注意双路电源线路不得共杆架设，而对一般负荷供电的高、低压电力线路，以及道路照明线路、广播线路、电话线路等可共杆架设，但横担布置及间距应符合图 2-21 布置要求。另外，同一电压等级的不同回路导线，导线截面较小的布置在下面，导线截面较大的布置在上方。三相导线排列相序应符合规定要求，即面向负荷从左侧起，高压电力线路：L1、L2、L3；低压电力线路：L1、N、L2、L3，且零线 N 靠近电杆。

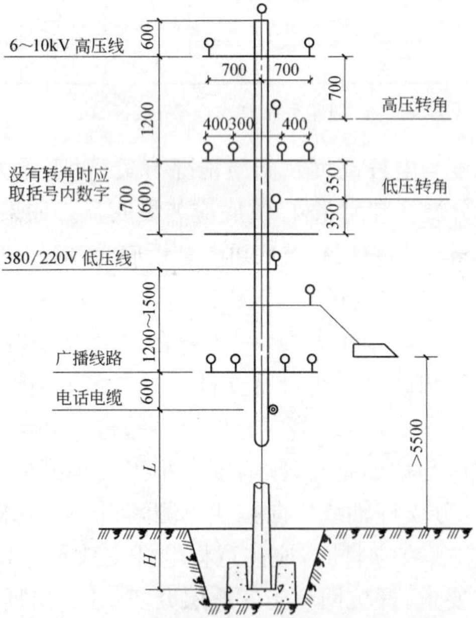

图 2-21　电杆上横担及架空导线布置示意图

放线前应首先清除线路上的障碍物，如线路跨越公路、铁路及其他电力线路、建筑物时，应搭设导线跨越架，然后选择适当放线位置，安放固定放线架及其盘线轮。通常安耐张段分段放线，放线一般采用拖线法，并使导线从盘线轮的上方引出，以免导线与地面接触而受到损伤。

第二，导线连接。导线按耐张段放线完成后，应将耐张段内各相导线接线头分别连接起来，使其成为良好的电气通路。导线接头连接质量的优劣将直接影响到线路的机械强度和电气工作性能，因此对导线连接提出以下要求：①导线连接处的机械强度不得低于原导线机械强度的90%；②导线连接处的接触电阻不得大于同长度导线电阻的1.2倍；③不同金属、不同截面和不同捻绞方向的导线不能在档距中连接，其导线接头只能在电杆横担上的过引线处连接（过引线或引下线的相间净空距离应满足：1～10kV线路应不小于300mm；1kV以下线路应不小于150mm）。另外，还须注意每个档距内每根导线最多只能有一个接头，当线路跨越铁路、公路、河流、电力线路或通信线路时，则要求导线（包括避雷线）不能有接头。导线的连接方法有钳压法、爆接法、螺接法和线夹连接等。例如导线接头在过引线（也称跳线）处进行，受力很小可用螺接法和线夹连接法；导线接头在档距之内进行，受力较大可用钳压法和爆压法。以钳压法为例，在压接之前，先将导线及连接套管内壁用中性凡士林涂抹一层，再用细钢丝刷在油内清洗，使之在与空气隔离情况下清除氧化膜，导线的清洗长度应为导线接头连接长度的1.25倍以上。清洗后，在导线表面和连接套管内壁涂抹一层凡士林锌粉膏，再用细钢丝刷擦刷，然后将带凡士林锌粉膏导线插入连接套管中，并使导线端头露出套管外端20mm以上。再将连接套管连同导线放入液压压接钳的压模之中，按顺序要求压接，借助于连接套管与导线之间的握着力使两根导线紧密地连接起来，其压接顺序见图2-22。

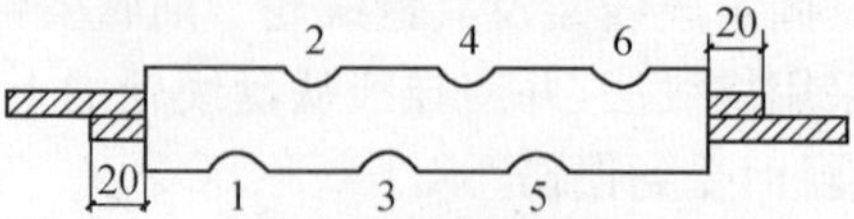

图 2-22 铝绞线连接套管压接顺序示意图

第三，导线固定及其弧垂调整。一般分耐张段进行紧线和弧垂调整，先将导线一端固定在起始耐张杆或其他承力杆上，在耐张段另一端的耐张杆上紧线。导线可逐根均匀收紧，也可以二线或三线同时均匀收紧，后一种方法紧线速度快，需要功率较大的牵引装置。如果耐张段较短和导线截面较小时，可用滑轮组和液压紧线器将导线收紧，而耐张段较长和导线截面较大时，则应采用卷扬机，并采取临时拉线加固措施将导线收紧。当导线收紧到一定程度时，要配合调节导线弧垂，使之符合设计要求。

确定导线弧垂值再加上绝缘子串的垂直长度（针式绝缘子则应减去其垂直长度）后，即得到从横担到导线最低点的垂直距离，即称作“最终弧垂值”。测定导线弧垂值常采用平行四边形方法，即在相邻电杆的横担上悬挂弧垂板（丁字型水准尺），将导线“最终弧垂值”标记在弧垂板上，再由观测人员在电杆上从一侧弧垂板瞄准另一侧弧垂板，使导线下垂圆弧最低点与瞄准直线相切时，即表明弧垂值调整符合要求。弧垂与允许安装弧垂值误差不应超过±5%，档距内多条截面相同的导线弧垂值应调整一致。

将耐张段内各档距的导线弧垂调整到符合设计要求，即可将导线装上线夹并与绝缘子相连接，使导线在绝缘子上处于自然拉紧状态；经检查导线弧垂无明显变化，就可以将导线绑扎紧固在绝缘子上。导线绑扎固定的方法可根据电杆、绝缘子的类型及安装地点来选择。例如，直线杆上的针式绝缘子采用顶绑法或侧绑法（也称颈绑法）；转角杆上的针式绝缘子可采用侧绑法；终端杆、分支杆上的蝶式绝缘子可采用终端绑扎法；而 6～10kV 或以上架空线路终端杆、耐张杆上的导线固定，可采用耐张线夹固定导线法等。

在线路架设安装完毕、投入运行之前，须进行必要的测试检查，即：①检查架空导线最低点距地面、建筑物、构筑物或其他设施的距离是否符合规定要求；②检查架空线路的相序是否符合规定要求，线路两端的相位关系是否一致；③检查测试线路绝缘电阻、过电压保护装置（如避雷器、避雷针及避雷线等）的接地电阻是否符合规定要求；④在额定电压下，对线路进行三次空载冲击合闸试验，第一次冲击合闸试验应分相进行，第二、三次冲击合闸试验应三相同时进行。在各次冲击合闸试验中观察线路及设备、器件有无损坏或不正常现象。

5. 电缆线路安装

（1）电力电缆的敷设方式及要求。

电力电缆的敷设方式很多，主要有直接埋地敷设、电缆沟内（或隧道内）敷设、穿钢管（或水泥排管）敷设、用吊钩在建筑物室内楼板下或沿墙敷设、沿电缆托盘和电缆线槽、电缆桥架敷设等。各种电缆敷设方法都有其优缺点，应根据电缆根数、敷设区域的环境条件等实际情况确定。其中电缆直埋敷设具有施工简单、使用建筑材料少、有利于电缆散热等优点，所以在条件允许的情况下应尽可能选择电缆直埋敷设方式。

（2）电缆直接埋地敷设。

将电缆线路直接埋入地下，不易遭受雷电或其他机械伤害，故障少，安全可靠。同时，其施工方法简便、土建材料省、泥土散热好、对提高电缆的载流量有一定好处，但挖掘土方量较大，电缆易受土壤中酸碱性物质腐蚀，线路维护也较困难。所以，电缆直接埋地敷设方法一般适用于敷设距离较长、电缆根数较少及不适合采用架空线路的地方。

电缆直接埋地敷设时，应先勘察选择敷设电缆的路径，以确保电缆不受机械损伤，并符合电缆直埋敷设施工要求。

①电缆埋地深度不小于 0.7m，穿越农田时应不小于 1m，在冰冻地带应埋设在冻土层以下。

②埋设电缆的土壤中如含有微量酸碱物质时，电缆应穿入塑料护套管保护或选用防腐电缆，也可以更换土壤或垫一层不含有腐蚀物质的土壤。

③电缆上下方需要各铺设 100mm 厚的细砂或松软土壤垫层，在垫层上方再用混凝土板或砖覆盖一层，其覆盖电缆宽度应超出电缆两侧各 50mm，以减小电缆所受来自地面上的压力，其敷设剖面见图 2-23。

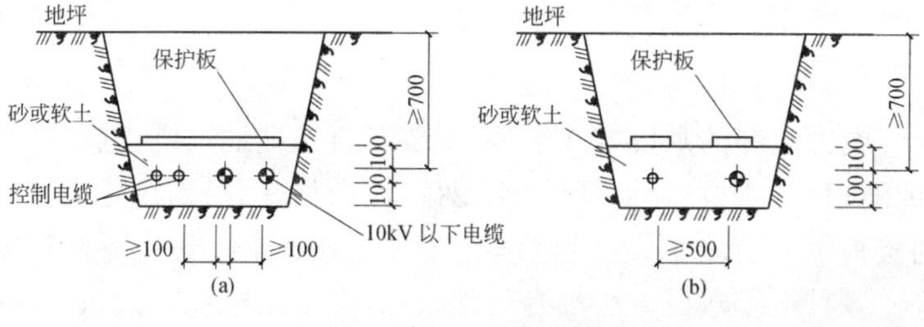

图 2-23　电缆直接埋地敷设剖面图

(a)10kV 以下电缆并排；(b)不同部门电缆并排

④电缆如需穿越铁路、道路、引入或引出地面和建筑物基础、楼板、墙体等处时，电缆都应穿管保护。例如，电缆引入、引出地面时(如电缆从沟道引至电杆、设备、墙外表面或室内等人们易于接近处)，应有 2m 以上高度的金属管保护；电缆引入、引

出建筑物时，其保护管应超出建筑物防水坡 250mm 以上；电线穿过铁路、道路时，保护管应伸出路基两侧边缘各 2m 以上等。

⑤电缆与其他设施交叉或平行敷设时，其间距应不小于表 2-15 的规定值，电缆不应与其他金属类管道较长距离平行敷设。

表 2-15　　直埋电力电缆与各种设施的最小净距　　(单位：m)

设施名称		平行时	交叉时
建筑物、构筑物基础		0.6	
电杆基础		1.0	
电力电缆之间或电力电缆与控制电缆之间	＞10kV	0.25(0.1)	0.5(0.25)
	≤10kV	0.1	0.5(0.25)
通讯电缆		0.5(0.1)	0.5(0.25)
热力管道(管沟)及热力设备		2.0	(0.5)
油管道(管沟)		1.0	0.5
水管、压缩空气管(管沟)		0.5(0.25)	0.5(0.25)
可燃气体及易燃、可燃液体管道(管沟)		1.0	0.5(0.25)
电气化铁路路轨	交流	3.0	1.0
	直流	10.0	1.0
城市街道路面		1.0	0.7
公路(道路)		1.5	1.0
铁路路轨		3.0	1.0
排水明沟(平行时与沟边，交叉时与沟底)		1.0	0.5

注：①表中括号内数字为电缆穿线管、加隔板或隔热保护层后所允许的最小净距。
②电缆与热力管沟交叉时，如电缆穿石棉水泥保护管，保护管应伸出热力管沟两侧各 2m；用隔热保护层时，则保护层应超出热力管沟和电缆两侧各 1m。
③电缆与道路、铁路交叉时，保护管应伸出路基 1m 以上。
④电缆与建筑物、构筑物平行敷设时，电缆应埋设在其防水坡 0.1m 以外，且距其基础在 0.5m 以上。

为了维护方便和不使挖填电缆沟土方量过大，同一路径上埋设的电缆根数不应超过 8 根，否则宜采用电缆沟敷设。在电缆埋设路径上，尤其是电缆与其他设施交叉、拐弯和有电缆接头的地方，应埋设高出地面的 150mm 左右的标桩，并标注电缆的走向、埋深和电缆编号等。电缆拐弯处的弯曲半径应符合表 2-16 的规定值；在终端头、中间接头等处应按要求预留备用长度；在电缆直埋路径上应有 2.5%的余量，使电缆在电缆沟内呈 S 形埋设，以消除电缆由于环境温度变化而产生的内应力。

表 2-16　　电缆敷设弯曲半径与电缆和外径的比值

电缆护套类型		电力电缆		其他电缆多芯
		单芯	多芯	
金属护套	铅包	25	15	15
	铝包	30*	30*	30
	皱纹铝套、钢套	20	20	20
非金属护套		20	15	无铠装 10，有铠装 15

注：电力电缆中包括油浸纸绝缘电缆（包括不滴流浸渍电缆）、橡皮绝缘电缆和塑料绝缘电缆。

"*"为铝包电缆外径<40mm，其比值选取 25。

（3）电线在电缆沟内敷设。

电缆在电缆沟内敷设方式适用于敷设距离较短且电缆根数较多（如超过 8 根）的情况。如变电所内、厂区内以及地下水位低、无高地热源影响的场所，都可采用电缆沟敷设。由于电缆在电缆沟内为明敷方式，敷设电缆根数多，有利于进行中长期供配电线路规划，而且敷设、检修或更换电缆都较方便，因而获得广泛采用。

电缆沟结构及安装尺寸见图 2-24、表 2-17。电缆沟通常采用砌砖或混凝土浇筑方式，电缆支架的固定螺栓在建造电缆沟时预埋。电缆沟内表面用细砂浆抹平滑，位于湿度大的土壤中或地下水位以下时，电缆沟应有可靠防水层，且每隔 50m 左右设一口集水井，电缆沟底对集水井方向应有不小于 0.5% 的坡度，以利于排水。电缆沟盖板一般采用钢筋混凝土盖板，每块盖板质量不超过 50kg。在室内，电缆沟盖板可与地面相平或略高出地面。在室外，为了防水，如无车辆通过，电缆沟盖板应高出地坪 100mm，可兼作人行通道。如有车辆通过，电缆沟盖板顶部应低于地坪 300mm，并用细砂土覆盖压实，盖板缝隙均用水泥砂浆勾缝密封。为了便于维护，室外长距离电缆沟应适当加大尺寸，一般深度为 1300mm，宽度以不小于 700mm 为宜。

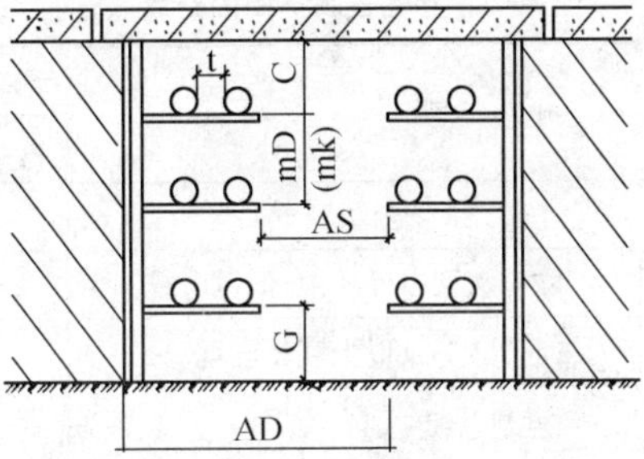

图 2-24　10kV 以下电缆沟结构示意图

电缆支架一般由角钢焊接而成，其支架层间净距不应小于 2 倍电缆外径加 10mm，焊接时垂直净距与设计偏差不应大于 5mm。另外其安装间距应不超过表 2-18 的规定数值。电缆支架经刷漆防腐处理后，即可安装到电缆沟内的预埋螺栓上，其安装高差应不超过 5mm。在有坡度的电缆沟内或建筑物上安装的电缆支架，应与电缆沟或建筑物的坡度相同。电缆支架采用 $\phi 6$ 圆钢依次焊接连接后再可靠接地，接地电阻不应超过 10Ω。

表 2-17　电缆沟参考尺寸　(单位:mm)

结构名称		符号	推荐尺寸	最小尺寸
通道宽度	单侧支架	AD	450	300
	双侧支架	AS	500	300
电缆支架层间距离	电力电缆	mD	150～250	150
	控制电缆	mk	130	120
电力电缆水平净距		t	35	35
最上层支架至盖板净距		C	150～200	150
最下层支架至沟底净距		G	50～100	50

表 2-18　电缆各支持点间的距离　(单位:mm)

电缆类型		敷设方式	
		水平	垂直
电力电缆	全塑型	400	1000
	除全塑型以外的中、低压电缆	800	1500
	35kV 及以上高压电缆	1500	2000
控制电缆		800	1000

在敷设电缆时,应将高、低压电缆分开,电力电缆与控制电缆分开。如果是单侧电缆支架,电缆敷设应按控制电缆、低压电缆和高压电缆的顺序,自下而上地分层放置,各类电缆之间最好用水泥石棉板隔开。

6. 电缆头制作

电缆敷设完成后,其两端要与电源和用电设备相连接,各段电缆也要相互连接起来,这就需要制作电缆头。电缆始、末端电缆头称作电缆终端头,电缆相互连接的电缆头称作电缆中间接头。各类电缆,特别是电力电缆必须在密封状态下运行,以防电缆受潮,防止油浸纸绝缘电缆浸渍剂流失,保证电缆的绝缘强度和耐压能力不降低,所以电缆终端头和电缆中间接头的制作是电缆敷设中的关键工序,对制作安装工艺要求非常高。

电缆头种类繁多,有用于室内的铁皮漏斗式终端头、聚氯乙烯软手套干包式终端头、环氧树脂浇注式和环氧树脂预制式终端头等;还有用于室外的铸铁鼎足式终端头和环氧树脂浇注式终端头等。近年来新发展起来的有热缩型电缆终端头。

在制作电缆头时,应在天气晴朗、环境温度 0℃以上、相对湿度不大于 70%的洁净环境中进行,下面简要介绍其中两种电缆终端头的制作及一般工艺要求:

(1)10kV 交联电力电缆热缩型终端头的制作。

聚乙烯交联电力电缆取代油浸纸绝缘电力电缆是电缆发展的必然趋势。传统的环氧树脂浇注式电缆终端头附件不能用于聚乙烯交联电缆,但热缩型电缆终端头附件不仅适用于油浸纸绝缘电缆,也适用于聚乙烯交联电缆,并取代了过去传统的制作工艺方法,其制作工序及工艺要求如下:

①剥除内、外护套和铠装。电缆经试验合格后,将其一端切割整齐,并固定在制作架上。然后根据电线终端头的安装位置至连接用电设备或线路之间的距离确定剥切尺寸。外护套剥切尺寸,即从电缆端头至剖塑口的距离,一般要求户内取 550mm,户外取750mm。在外护套断口以上 $30mm^2$ 处用 $1.5mm^2$ 铜线扎紧,然后用钢锯沿外圆表面锯至铠装厚度的 2/3,剥去至端部的铠装。再从铠装断口以上留 20mm,剥去至端部的内护层,割去填充物,并将线芯分开成三叉形,见图 2-25。

②焊接接地线。先将铠装打磨干净,刮净铠装附近的屏蔽

层。然后将软铜编织带分成 3 股，分别在每相的屏蔽层上用 $1.5mm^2$ 铜线缠扎 3 圈并焊牢，再将软铜编织带与铠装焊牢，从下端引出接地线，以使电缆在运行中使钢铠及屏蔽层能良好接地。

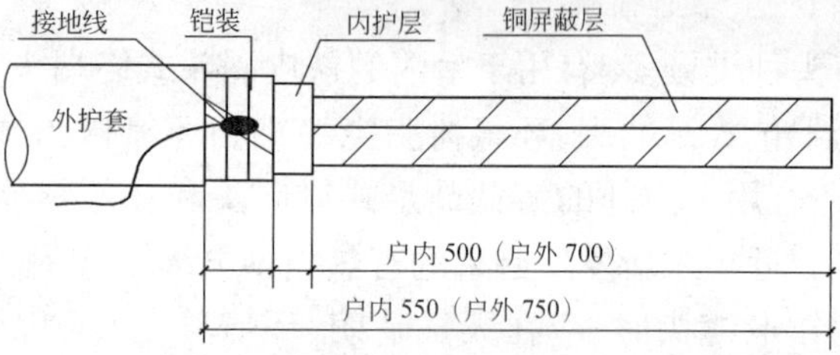

图 2-25　10kV 交联电缆终端头剥切尺寸

③固定三叉手套。线芯三叉处是制作电缆终端头的关键部位。先在三叉处包缠填充胶，使其形状为橄榄形，最大直径应大于电缆外径 15mm。填充胶受热后能与其相邻材料紧密粘结，可起到消除气隙、增加绝缘的作用。然后套装三叉手套，在用液化气烤枪加热固定热缩手套时，应从中部向两端均匀加热，以利排除其内部残留气体。

④剥铜屏蔽层、固定应力管。从三叉手套指端以上 55mm 处用胶带临时固定，剥去至电缆端部的铜屏蔽层之后，便可以看到灰黑色交联电缆的半导电保护层。在铜屏蔽层断口向上再保留20mm半导电层，将其余半导电层剥除，并用四氯乙烯清洗剂擦净绝缘层表面的铅粉。

固定安装热缩应力管，从铜屏蔽切口向下量取 20mm 做一记号，该点即为应力管的下固定点，用液化气烤枪沿底端四周均匀向上加热，使应力管缩紧固定，再用细砂布擦除应力管表面杂质，见图 2-26。

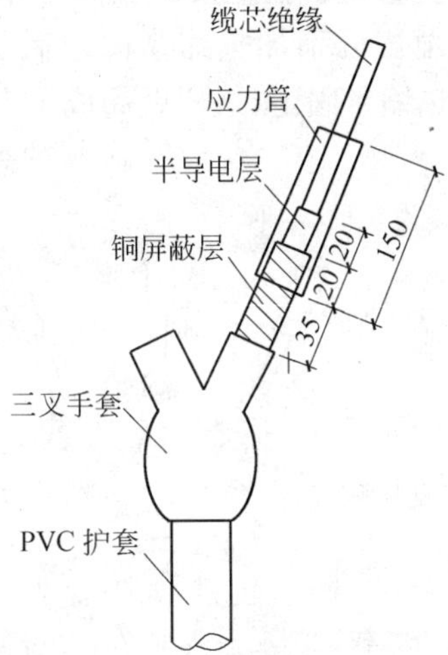

图 2-26　热缩三叉手套和应力管的安装

⑤压接线端子和固定绝缘管。剥除电缆芯线顶端一段绝缘层，其长度约为接线端子孔深 5mm，并将绝缘层削成“铅笔头”形状，套入接线端子，用液压钳进行压接。最后在“铅笔头”处包绕填充胶，填充胶上部要搭盖住接线端子 10mm，下部要填实线芯削切部分成橄榄状，以起密封端头作用。然后将绝缘管分别从线芯套至三叉手套根部，上部应超过填充胶 10mm，以保证线端接口密封质量，并按上述方法加热固定，接着再套入密封管、相色管，经加热紧缩后即完成了户内热缩电缆头的制作。对于户外热缩电缆头，在安装固定密封管和相色管之前，还须先分别安装固定三孔防雨裙和单孔防雨裙。

⑥固定三孔防雨裙和单孔防雨裙。将三孔防雨裙套装在三叉手套指根上方（即从三叉手套指根至三孔防雨裙孔上沿）100mm 处，第一个单孔防雨裙孔上沿距三孔防雨裙孔上沿为

170mm,第二个单孔防雨裙孔上沿距第一个单孔防雨裙孔上沿为60mm。对各防雨裙分别加热缩紧固定后,再套装密封管和相色管,并分别加热缩紧固定,这样就完成了室外电缆终端头的制作,见图 2-27。

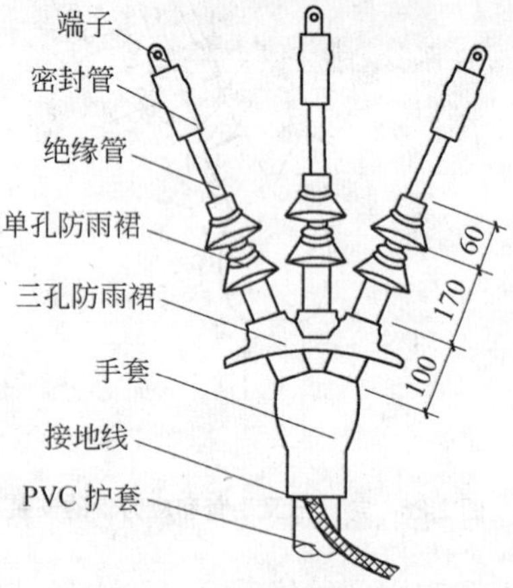

图 2-27 交联电缆热缩型户外终端头

(2)10kV 油浸纸绝缘电力电缆热缩型终端头的制作。

10kV 油浸纸绝缘电力电缆热缩型终端头附件包括聚氯四氟乙烯带、隔油管、应力管、耐油填充胶、三叉手套、绝缘管、密封管和相色管等,对于户外热缩型终端头还有三孔、单孔防雨裙。其制作工序及要求如下。

①剥麻被护层、铠装和内垫层。电缆经试验合格后将其一端固定在制作架上,然后确定从电线端部到剖塑口的距离,一般户内取 660mm,户外取 760mm,并用 1.5mm^2 细线或钢卡在该尺寸处扎紧,剥去至端部的麻被护层。在麻被护层剖切口向上 50mm 处用钢带打一固定卡,并将铜编织带接地线卡压在铠装上,再剥去至端部的钢铠。这时可见由沥青及绝缘纸构成的内

垫(护)层，它紧紧绕粘在铅包外表面，因此需要用液化气烤枪加热铅包表面的沥青及绝缘纸，加热时应注意烘烤均匀，以免烧坏铅包。用非金属工具将沥青及绝缘纸等内垫层剥除干净，见图2-28。

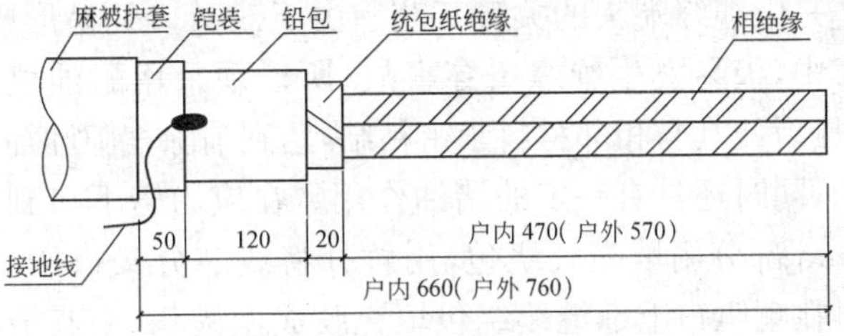

图2-28　10kV油浸纸绝缘电缆终端头剥切尺寸

②焊接地线、剥铅包及进行胀管。将内垫层剥除干净后，在铠装断口向上120mm段用锉刀打磨干净，作为铜编织带接地线焊区，用1.5mm^{2}铜线将接地线缠绕3圈后焊牢。然后再将距铠装断口120mm处至端部的铅包剥除，用胀管钎将铅包口胀成喇叭口形。喇叭口应圆滑、无毛刺，其直径为铅包直径的1.2倍。从喇叭口向上沿统包绝缘量20mm，用绝缘带缠绕5～6圈，以增加三叉根部的机械强度，再用手撕去至端部的统包绝缘层，把线芯轻轻分开。

③固定隔油管和应力管。电力电缆线芯部分的洁净程度会直接影响到电缆终端头的制作质量。所以应戴干净手套用四氯乙烯清洗剂清除线芯表面的绝缘油及其他杂质。为了改善应力分布，还应在线芯表面涂抹一层半导体硅脂膏，然后用耐油四氟带从三叉根部沿各线芯绝缘的绕包方向分别半叠绕包一层，以起阻油作用。这时就可套入隔油管至三叉根部，用液化气烤枪从三叉根部开始烘烤，先内后外，由下而上均匀加热，使隔油管收缩固定，收缩后的隔油管表面应光亮。将固定好的隔油管表

面用净布擦干净后，距统包纸绝缘层 20mm 处套入应力管，然后用同样方法加热固定。应力管主要用来改善电场分布，使电场均匀以免发生放电击穿事故。

④绕包耐油填充胶和固定三叉手套。如前所述，三叉口处的制作是电缆终端头的关键工艺。由于三叉口处易形成气隙，场强集中，极易发生绝缘击穿事故，所以须采用耐油填充胶填充，受热后使其与相邻材料紧密粘结，达到消除气隙和加强绝缘的目的，同时还具有一定的堵油作用。在应力管下口到喇叭口下 10mm 部分用填充胶绕包，用竹扦将线芯分叉口压满填实。然后再在喇叭口上部继续绕包填充胶成橄榄状，使其最大直径约为电缆直径的 1.5 倍。

这时即可套入三叉手套，应使指套根部紧靠三叉根部，可用布带向下勒压。加热时先从三叉根部开始，待三叉根部一圈收紧后再自下而上均匀加热，使其全部缩紧。由于三叉手套是由低阻材料制成的，这样就可使应力管与接地线有一良好的电气通路，实现良好接地，同时也保证了电缆端部的密封。

⑤压接线端子和固定绝缘管。根据接线端子孔深加 5mm 来确定剥除缆芯端部绝缘层的长度，将绝缘层削成“铅笔头”形状，套入接线端子并用液压钳压接。然后再用耐油填充胶在“铅笔头”处绕包成橄榄状，要求绕包住隔油管和接线端子各 10mm，以达到堵油和密封的效果。将绝缘管套至三叉口根部，上端应超过耐油填充胶 10mm，再用同样方法由下而上均匀加热，使绝缘套管收缩贴紧。如果再套入密封管、相色管后，户内油浸式电缆终端头即制作完成。

对于室外油浸式电缆终端头，还需安装固定三孔、单孔防雨裙，其安装固定方法与 10kV 交联电缆终端头的三孔、单孔防雨裙固定方法相同，见图 2-29。此外，还有安装更为便捷的冷缩式橡塑型电缆头附件 QS2000 系列，使用时无需专用工具和热源，尤其在易燃易爆等禁火场所中使用更有其优越性。例如，将冷缩铸模套管套入电缆适当位置，把塑胶内管拉出后，冷缩铸模绝缘套管即收缩而与电缆外表面贴紧，具有绝缘性好、耐潮湿、耐高温、耐腐蚀、一种型号适用于多种电缆线径和安装便利等优点。还有低压 YFD 系列预分支电缆，是 20 世纪 90 年代的最新配电产品。主电缆在电缆井中通过支架和马鞍形线夹安装固定，分支电缆与主电缆的连接则是由专用模压分支联接在插件，安装工艺简单，供电可靠，预制式分支电缆系统安装见图 2-30。

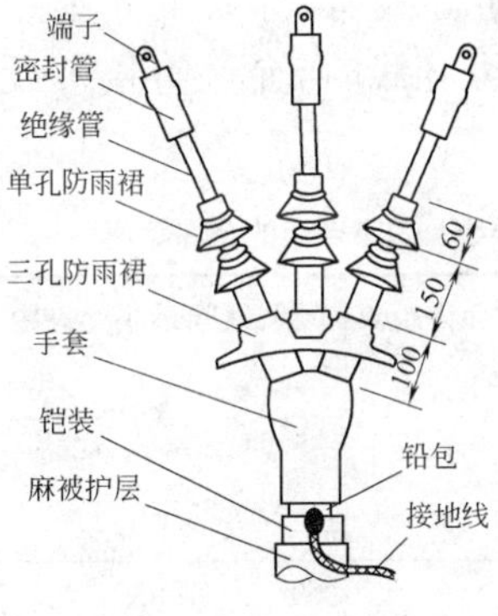

图 2-29　油浸纸绝缘电线热缩型户外式终端头

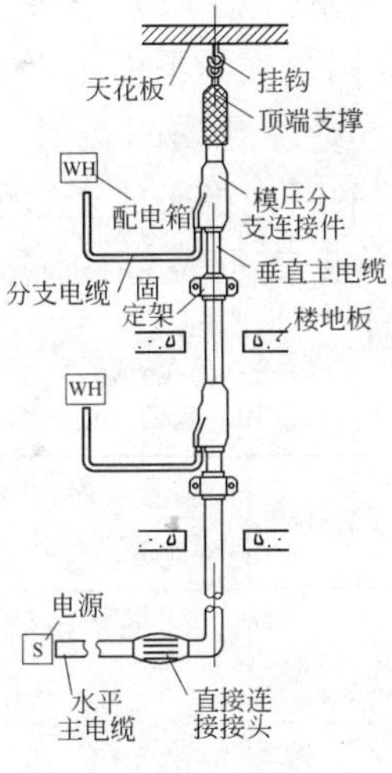

图 2-30　预制分支电缆配电系统安装示意

7. 室内配线安装

安装在室内的导线以及它们的支持物、固定用配件，总称为室内配线。室内配线分明敷和暗敷两种：明敷就是将导线沿屋顶、墙壁敷设,暗敷就是将导线在墙壁内、地面下及顶棚上等看不到的地方敷设。

室内配线的安装要求如下:

①必须采用绝缘导线。

②进户线过墙应穿管保护,距地面不得小于2.5m,并应采取防雨措施,进户线的室外端应采用绝缘子固定。

③室内配线只有在干燥场所才能采用绝缘子或瓷(塑料)夹明敷,导线距地面高度:水平敷设时,不得小于2.5m,垂直敷设时,不得小于1.8m,否则应用钢管或槽板加以保护。

④室内配线所用导线截面,应根据用电设备的计算负荷确定,但铝线截面不得小于2.5mm²,铜线截面不得小于1.5mm²。

⑤绝缘导线明敷时,采用钢索配线的吊架间距不宜大于12m,采用绝缘子或瓷(塑料)夹固定导线时,导线及固定点间的允许距离见表2-19,采用护套绝缘导线时,允许直接敷设于钢索上。

表2-19　室内采用绝缘导线明敷时导线及固定点间的允许距离

布线方式	导线截面/mm^2	固定点间最大允许距离/mm^2	导线线间最小允许距离/mm^2
瓷(塑料)夹	1～4	600	
	6～10	800	
用绝缘子固定在支架上布线	2.5～6	<1500	35
	6～25	1500～3000	50
	25～50	3000～6000	70
	50～95	>6000	100

⑥凡明敷于潮湿场所和埋地的绝缘导线配线均应采用水、煤气钢管,明敷或暗敷于干燥场所的绝缘导线配线可采用电线

钢管，穿线管应尽可能避免穿过设备基础，管路明敷时其固定点间最大允许距离应符合表2-20的规定。

表2-20　金属管固定点间的最大允许距离　（单位：mm）

公称口径/m	15～20	25～32	40.50	70.100
煤气管固定点间距离	1500	2000	2500	3500
电线管固定点间距离	1000	1500	2000	—

⑦室内埋地金属管内的导线，宜用塑料护套塑料绝缘导线。

⑧金属穿线管必须做保护接零。

⑨在有酸碱腐蚀的场所，以及在建筑物顶棚内，应采用绝缘导线穿硬质塑料管敷设，其固定点间最大允许距离应符合表2-21的规定。

表2-21　塑料管固定点间的最大允许距离

公称口径/mm	20及以下	25～40	50及以上
最大允许距离/mm	1000	1500	2000

⑩穿线管内导线的总截面积(包括外皮)不应超过管内径截面积的40%。

⑪当导线的负荷电流大于25A时，为避免涡流效应，应将同一回路的三相导线穿于同一根金属管内。

⑫不同回路、不同电压及交流与直流的导线，不应穿于同一根管内，但下列情况除外：

a. 供电电压在50V及以下者。

b. 同一设备的电力线路和无需防干扰要求的控制回路。

c. 照明花灯的所有回路，但管内导线总数不应多于8根。

四、施工现场的照明安装

1. 常用照明器的安装与选用

(1)常用照明器的悬挂高度。

照明器的悬挂高度主要考虑防止眩光，保证照明质量和安全，照明器距地面最低悬挂高度见表 2-22。

表 2-22　照明灯具距地面最低悬挂高度的规定

光源种类	灯具形式	光源功率/W	最低悬挂高度/m①
白炽灯	有反射罩	≤60	2.0
		100～150	2.5
		200～300	3.5
		≥500	4.0
	有乳白玻璃反射罩	≤100	2.0
		150～200	2.5
		300～500	3.0
卤钨灯	有反射罩	≤500	6.0
		1000～2000	7.0
荧光灯	无反射罩	<40	2.0
		>40	3.0
	有反射罩	≥40	2.0
荧光高压汞灯	有反射罩	≤125	3.5
		250	5.0
		≥400	6.5
高压汞灯	有反射罩	≤125	4.0
		250	5.5
		≤400	6.5
金属卤化物灯	搪瓷反射罩	400	6.0
	铝抛光反射罩	1000②	14.0
高压钠灯	搪瓷反射罩	250	6.0
	铝抛光反射罩	400	7.0

注：①表中规定的灯具最低悬挂高度在下列情况可降低 0.5m，但不应低于 2m。

a. 一般照明的照度低于30lx时；b. 房间长度不超过灯具悬挂高度的2倍；c. 人员短暂停留的房间。

②当有紫外线防护措施时，悬挂高度可适当降低。

(2)常用照明器的选用。

照明器的选用应根据照明要求和使用场所的特点，一般考虑如下：

①照明开闭频繁，需要及时点亮，需要调光的场所，或因频闪效应影响视觉效果的场所，宜采用白炽灯或卤钨灯。

②识别颜色要求较高、视看条件要求较好的场所，宜采用日光色荧光灯、白炽灯和卤钨灯。

③振动较大的场所，宜采用荧光高压汞灯或高压钠灯，有高挂条件并需要大面积照明的场所，宜采用金属卤化物灯或长弧氙灯。

④对于一般性生产用工棚间、仓库、宿舍、办公室和工地道路等，应优先考虑选用投资低廉的白炽灯和日光灯。

(3)照明器安装一般要求

①安装的照明器应配件齐全，无机械损伤和变形，灯罩无损坏。

②螺口灯头接线必须是相线接中心端子，零线接螺纹端子。灯头不能有破损和漏电。

③照明器使用的导线最小线芯截面应符合表2-23的规定。截面允许载流量必须满足灯具要求。

表2-23　线芯最小允许截面

安装场所及用途		线芯最小截面/mm^2		
		铜芯敷线	铜线	铝线
照明灯头线	(1)民用建筑室内	0.4	0.5	1.5
	(2)工业建筑室内	0.5	0.8	2.5
	(3)室外	1.0	1.0	2.5

续表

安装场所及用途		线芯最小截面/mm^2		
		铜芯敷线	铜线	铝线
移动式用电设备	(1)生活用	0.2	—	—
	(2)生产用	1.0	—	—

④灯具安装高度:室内一般不低于 2.5m,室外不低于 3m。灯具安装高度如不能满足要求,而且又无安全措施等应采用 36V 及以下安全电压。

⑤配电屏的正上方不得安装灯具,以免造成眩光,影响对屏上仪表等设备的监视和抄读。

⑥软线吊灯质量限于 1kg 以下,灯具质量超过 1kg 时,应采用吊链或钢管吊装灯具。采用吊链时,灯线宜与吊链编叉在一起。

⑦事故照明灯具应有特殊标志。

2. 室外照明

现场照明的质量保证和基本条件就是要保证电压的正常和稳定。电压偏低与偏移会造成光线灰暗,影响施工;电压过高了会使灯具过亮,发出很强的眩光,使施工人员难以适应,也会造成灯具寿命缩短甚至当即烧毁。因此对照明线路的设置有相关要求。

(1)照明灯具电源末端的电压偏移要求。

①一般工作场所(室内或室外),电压偏移允许为额定电压值的−5%~5%。远离电源的小面积工作场所,电压偏移值允许为额定电压值的−10%~5%。

②道路照明、警卫照明或额定电压为 220V 的照明,电压偏

移值允许为额定电压值的－10%～5%。

为了保证电压的正常和稳定应做到：现场配电、用电力求三相平衡；根据照明负荷合理选择导线；经常检修使线路保持完好。

(2)常用照明器的选择要求。

施工现场的一般场所宜选用额定电压为220V的照明器。为了便于作业和活动，在一个工作场所内，不得只装设局部照明。局部照明是指仅供局部工作地点（分固定或携带式）的照明。停电后，操作人员需及时撤离现场的特殊工程，必须装设自备电源的应急照明。

①照明器使用的环境条件。

a. 正常湿度时，选用开启式照明器。

b. 在潮湿或特别潮湿的场所，选用密闭型防水防尘照明器或配有防水灯头的开启式照明器。

c. 含有大量尘埃但无爆炸和火灾危险的场所，采用防尘型照明器。

d. 对有爆炸和火灾危险的场所，必须按危险场所等级选择相应的照明器。

e. 在振动较大的场所，应选用防振型照明器。

f. 对有酸碱等强腐蚀的场所，应采用耐酸碱型照明器。

②特殊场合照明器。

a. 隧道、人防工程，有高温、导电灰尘或灯具离地面高度低于2.4m等场所的照明，电源电压应不大于36V。

b. 在潮湿和易触及带电体场所的照明电源电压不得大于24V。

c. 在特别潮湿的场所、导电良好的地面、锅炉或金属容器内工作的照明电源电压不得大于12V。

③行灯使用要求。

a. 电源电压不得超过36V。

b. 灯体与手柄应坚固、绝缘良好并耐热耐潮湿。

c. 灯头与灯体结合牢固,灯头上无开关。

d. 灯泡外面有金属保护网。

e. 金属网、泛光罩、悬挂吊钩固定在灯具的绝缘部位上。

④照明系统中灯具、插座的数量。在照明系统的每一单相回路中,灯具和插座的数量不宜超过25个,并应装设熔断电流为15A及15A以下的熔断器保护。一方面是为了三相负荷的平均分配,另一方面也便于控制,防止互相影响。

(3)照明线路排设要求。

施工现场照明线路的引出处,一般从总配电箱处单独设置照明配电箱。为了保证三相平衡,照明干线应采用三相线与工作零线同时引出的方式,也可以根据当地供电部门的要求和工地具体情况,照明线路也可从配电箱内引出,但必须装设照明分路开关,并注意各分配电箱引出的单相照明应分相接地,尽量做到三相平衡。

工作零线截面的选择:

①单相及两相线路中,零线截面与相线截面相同。

②三相四线制线路中,当照明器为白炽灯时,零线截面按相线载流量的50%选择;当照明器为气体放电灯时,零线截面按最大负荷相的电流选择。

③在逐相切断的三相照明电路中,零线截面与相线截面相同;若数条线路共用一条零线时,零线截面按最大负荷相的电流选择。

(4)室外照明装置。

①照明灯具的金属外壳必须做保护接零。单相回路的照明

开关箱(板)内必须装设漏电保护器。

②室外灯具距地面不得低于3m,钠、铊、铟等金属卤化物灯具的安装高度应在离地5m以上;灯线应固定在接线柱上,不得靠灯具表面;灯具内接线必须牢固。

③路灯的每个灯具应单独装设熔断器保护。灯头线应做防水弯。

④荧光灯管应用管座固定或用吊链。悬挂镇流器不得安装在易燃的结构上。露天设置应有防雨措施。

⑤投光灯的底座应安装牢固,按需要的光轴方向将枢轴拧紧固定。

⑥施工现场夜间影响飞机或车辆通行的在建工程设备(塔式起重机等高突设备),必须安装醒目的红色信号灯,其电源线应设在电源总开关的前侧。这主要是保持夜间红色信号灯不因工地其他停电而熄灭。

3. 室内照明装置

(1)室内照明灯具的选择及接线的要求。

①室内灯具装设不得低于2.4m。

②室内螺口灯头的接线。相线接在与中心触头相连的一端,零线接在与螺纹口相连接的一端;灯头的绝缘外壳不得有破损和漏电。

③在室内的水磨石、抹灰现场,食堂、浴室等潮湿场所的灯头及吊盒应使用瓷质防水型,并应配置瓷质防水拉线开关。

④任何电器、灯具的相线必须经开关控制,不得将相线直接引入灯具、电器。

⑤在用易燃材料作顶棚的临时工棚或防护棚内安装照明灯具时,灯具应有阻燃底座,或加阻燃垫,并使灯具与可燃顶棚保

持一定距离，防止引起火灾。对安装在易燃材料存放的场所和危险品仓库的照明器材，应选用符合防火要求的电器器材或采取其他防护措施。

⑥工地上使用的单相220V生活用电器，如食堂内的鼓风机、电风扇、电冰箱，应使用专用漏电保护器控制，并设有专用保护零线。电源线应采用三芯的橡皮电缆线。固定式应穿管保护，管子要固定。

(2)开关及电器的设置要求。

①暂设工程的照明灯宜采用拉线开关。开关距地面高度为2.3m，与出、入口的水平距离为0.15～0.2m。拉线的出口应向下。

②其他开关距地面高为1.3m，与出、入口的水平距离为0.15～0.2m。

③对民工的临时宿舍内的照明装置及插座要严格管理。如有必要，可对民工宿舍的照明采用36V安全电压照明。防止民工私拉、乱接电炊具或违章使用电炉。

④如照明采用变压器必须使用双绕组型，严禁使用自耦式变压器，携带式变压器的一次侧电源引线应采用橡皮护套电缆或塑料护套软线。其中黄/绿双色线作保护零线用，中间不得有接头，长度不宜超过3m，电源插销应选用有接地触头的插销。

⑤为移动式电器和设备提供电源的插座必须安装牢固、接线正确。插座容量一定要与用电设备容量一致，单相电源应采用单相三孔插座，三相电源应采用三相四孔插座，不得使用等边圆孔插座。单相三孔插座接线时，面对插座左孔接工作零线，右孔接相线，上孔接保护零线或接地线，严禁将上孔与左孔用导线相连接；三相四孔插座接线时，面对插座左孔接A相线，下孔接B相线，右孔接C相线，上孔接保护零线或接地线(图2-31)。图2-32为正确的安装方式与错误的安装方式的示例。

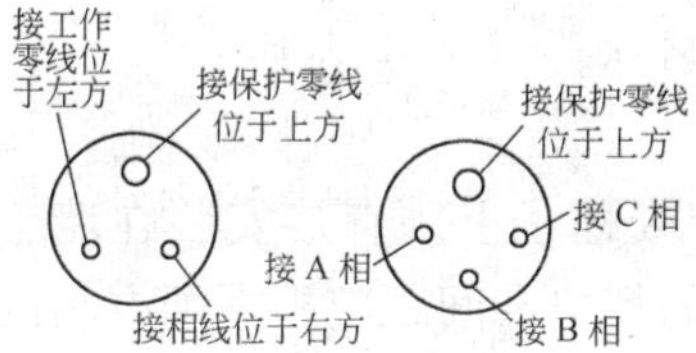

图 2-31　插座接线

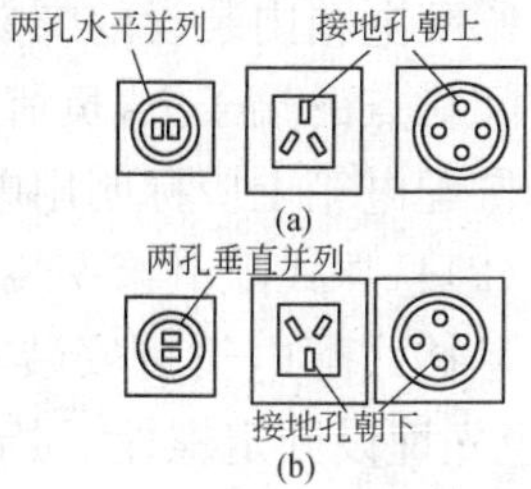

图 2-32　插座安装的正确和错误方式
(a)正确安装方式;(b)错误安装方式

现场照明中应严格做到:手持式照明必须采用安全电压;危险场所必须使用安全电压;电线如发现老化、绝缘破损应及时调换;电源线按规范安装,杜绝乱拖乱拉;照明线路及灯具的安装距离严格按规定安装。这样才能做到安全、文明用电。

4. 照明配电箱的安装

照明配电箱有标准和非标准两种形式。标准型配电箱可向制造厂订购或直接在市场上购买,非标准配电箱需自行制作。

照明配电箱的安装方式有悬挂式明装和嵌入式暗装两种方式。

(1)照明配电箱安装的技术要求。

①在配电箱内有交、直流或不同电压时,应各有明显的标志或分设在单独的板面上。

②导线引出板面均应套有绝缘管。

③配电箱安装垂直偏差不应大于 0.15%。暗设时,其面板四周边缘应紧贴墙面,箱体与建筑物接触的部分应刷防腐漆。

④照明配电箱安装高度,底边距地面一般为 1.5m;配电板安装高度,底边距地面不应小于 1.8m。

⑤三相四线制供电的照明工程,其各相负荷应均匀分配。

⑥配电箱内装设的螺旋式熔断器(RL1 型),其电源线应接在中间触点的端子上,负荷接在螺纹的端子上。

⑦配电箱上应标明用电回路名称。

(2)悬挂式配电箱安装。

悬挂式配电箱可安装在墙上或柱子上。直接安装在墙上时,应先埋设固定螺栓,固定螺栓的规格和间距应根据配电箱的型号规格及重量和安装尺寸决定。螺栓长度应为埋设深度(一般为 120～150mm)加上箱壁厚度以及螺母和垫圈的厚度,再加上 3～4 扣螺纹余量的长度。

配电箱安装在支架上时应先将支架加工好,然后将支架埋设固定在墙上或用抱箍固定在柱子上,再用螺栓将配电箱安装在支架上并调整其水平和垂直。

图 2-33、图 2-34 为悬挂式配电箱安装示意图。

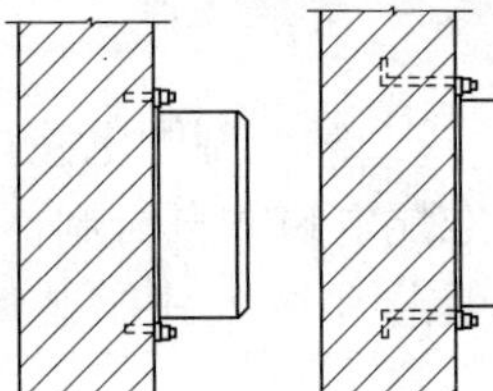

(a) (b)

图 2-33 悬挂式配电箱安装

(a)墙上胀管螺栓安装;

(b)墙上螺栓安装

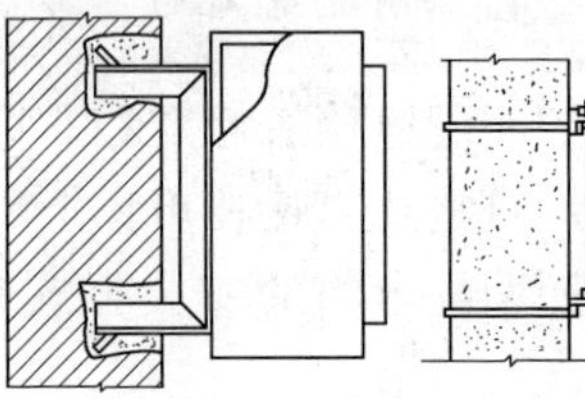

(a) (b)

图 2-34 支架固定配电箱

(a)用污埋支架固定;

(b)用抱箍支架固定

配电箱安装高度按施工图纸要求,配电箱上回路名称也按设计图纸给予标明。

(3)嵌入式暗装配电箱安装。

嵌入式暗装配电箱安装前,应先按设计指定的位置,在土建砌墙时把与配电箱尺寸和厚度相等的木框架嵌在墙内，使墙上留出配电箱安装的孔，待土建和配线管预埋工作结束后，除去木框架，将配电箱嵌入墙内，然后校正垂直和水平，垫好垫片将配电箱固定好，并做好线管与箱体的连接固定，然后在箱体四周填入水泥砂浆。

当墙壁的厚度不能满足嵌入式要求时，可采用半嵌入式安装，箱体一半在墙内一半在墙外，半嵌入式安装方法与嵌入式相同。

(4)配电箱落地安装。

配电箱落地安装时，应先要预制一个高出地面一定高度的混凝土空心台，配电箱落地安装在空心台基础上。安装时必须待基础干透后才能进行。进入配电箱的线管应排列整齐，管口应高出基础面 50mm。

五、低压电器安装

1. 低压熔断器安装

低压熔断器安装要求如下。

(1)低压熔断器的型号、规格应符合设计要求。各级熔体应与保护特性相配合。用于保护照明和热电电路：熔体的额定电流≥所有电具额定电流之和。用于单台电机保护：熔体的额定电流≥(2.5～3.0)×电机的额定电流。用于多台电机保护：熔体额定电流≥(2.5～3.0)×最大容量一台的额定电流＋其余各台的额定电流之和。

(2)低压熔断器安装，应符合施工质量验收规范的规定。安装的位置及相互间距应便于更换熔体。低压熔断器宜于垂直安装。

(3)低压断路器与熔断器配合使用时，熔断器应安装在电源一侧。

(4)熔断器的安装位置及相互间距离，应便于更换熔体。

(5)安装有熔断指示器的熔断器，其指示器应装在便于观察的一侧。

(6)在金属底板上安装瓷插式熔断器时，其底座应设置软绝缘衬垫。

将熔体装在瓷插件上，是最常用的一种熔断器。但由于其灭弧能力差，极限分断能力低，所以，只适用于负载不大的照明线路中。

(7)在同一配电板上安装几种规格的熔断器时，应在底座旁标明熔断器的规格。

(8)对有触及带电部分危险的熔断器，应配齐绝缘抓手。

(9)安装带有接线标志的熔断器，电源配线应按标志进行接线。

(10)螺旋式熔断器安装时，底座固定必须牢固，电源线的进线应接在熔芯引出的端子上，出线应接在螺纹壳上，以防调换熔体时发生触电事故。

2. 低压断路器安装

(1)低压断路器安装。

①低压断路器的型号、规格应符合设计要求。

②低压断路器安装，应符合产品技术文件以及施工验收规范的规定。低压断路器宜垂直安装，其倾斜度不应大于5°。

③低压断路器与熔断器配合使用时，熔断器应安装在电源一侧。

④操作机构的安装，应符合以下要求：

a. 操作手柄或传动杠杆的开、合位置应正确。操作用力不应大于技术文件的规定值。

b. 电动操作机构接线应正确。在合闸过程中开关不应跳跃。开关合闸后，限制电动机或电磁铁通电时间的连锁装置应及时动作。电动机或电磁铁通电时间不应超过产品的规定值。

c. 开关辅助接点动作应正确可靠，接触良好。

d. 抽屉式断路器的工作、试验、隔离三个位置的定位应明显，并应符合产品技术文件的规定。空载时进行抽、拉数次应无卡阻，机械连锁应可靠。

(2)低压断路器的接线。

①裸露在箱体外部易于触及的导线端子，必须加以绝缘保护。

②有半导体脱扣装置的低压断路器的接线，应符合相序要求。脱扣装置的动作应灵活可靠。

(3)直流快速断路器安装、调试和试验。

①直流快速断路器的型号、规格应符合设计要求。

②安装时应防止倾斜，其倾斜度不应大于5°，所以应严格控制底座的平整度。

③安装时应防止断路器倾倒、碰撞和激烈震动。基础槽钢与底座间应按设计要求采取防震措施。

④断路器极间的中心距离，以及与相邻设备和建筑物之间的距离，应符合表2-24的规定。

表2-24　断路器安装与相邻(建筑物)设备距离

断路器安装	安装与相邻物的距离/mm
断路器极间中心距离及与相邻设备和建筑物间的距离	≥500(当不能满足要求时，应加装高度不小于单极开关总高度的隔弧板)

续表

断路器安装	安装与相邻物的距离/mm
灭弧室上方应留空间	≥1000 当不能满足要求时： (1)在开关电流 3000A 以下断路器的灭弧室上方 200mm 处，应加装隔弧板； (2)在开关电流 3000A 及以上断路器的灭弧室上方 500mm 处，应加装隔弧板

⑤灭弧室绝缘性能室内的绝缘衬件必须完好，电弧通道应畅通。

⑥触头的压力、开距、分断时间及主触头调整后灭弧室支持螺杆与触头间的绝缘电阻应符合技术标准的要求。

⑦直流快速断路器的接线应符合以下要求。

a. 与母线连接时出线端子不应承受附加应力。母线支点与断路器之间的距离不应小于 1000mm。

b. 当触头及线圈标有正、负极性时，其接线应与主回路极性一致。

c. 配线时应使其控制线与主回路分开。

⑧调整、试验应符合以下要求。

a. 轴承转动应灵活，润滑剂涂抹均匀。

b. 衔铁的吸、合动作均匀。

c. 灭弧触头与主触头的动作顺序正确。

d. 安装完毕，应按产品技术文件进行交流工频耐压试验，不得有击穿、闪络现象。

e. 脱扣装置应按设计要求整定值校验，在短路或模拟短路情况下合闸时，脱扣装置应能立即脱扣。

(4)断路器安装调试。

①安装在受振动处时，应有减振装置，以防止开关的内部零

件松动。

②常规应垂直安装，灭弧室应位于上部。

③操作机构安装调试应符合以下要求：

a. 操作手柄或传动杠杆的开、合位置应正确，操作灵活、动作准确，操作力不应大于允许工作力值。

b. 触头在闭合、断开过程中，可动部分与灭弧室的零件不应有卡阻现象。

c. 触头接触应紧密可靠，接触电阻小。

④运行前和运行中应确保断路器洁净，防止开关触头点发热不能灭弧而引起相间短路。

3. 开关安装

开关为配电线路中的分合电器，开断电流。线路常规有刀开关、负荷开刀、组合开关等。开关是配电线路中最普遍、最常用的电器，起着开关、保护和控制的作用。

配电线路开关安装工艺见表 2-25。

表 2-25　配电线路开关安装工艺

序号	名称	安装工艺
1	刀开关	(1)刀开关应垂直安装在开关板上，确保静触头在上方，电源线应接在静触头上，负载线应接在动触头上 (2)刀开关在合闸时，应保证相位刀片同时合闸，刀片与夹座接触严密。分闸应使相位刀片同步断开，必须保证断开后有一定的绝缘距离
2	负荷开关	(1)负荷开关应垂直安装，手柄向上合闸，严禁倒装或平装 (2)接线必须将电源线接在开关上方的进线接线座上，负载线接在下方的出线座上。接线时应将螺钉拧紧尽量减小接触电阻，以免过热损伤导线的绝缘层 (3)安装时要保证刀片和夹座位置正确，不得歪扭。刀片和夹座接触紧密，夹座保持足够的压力 (4)熔丝的型号、规格必须符合设计要求

续表

序号	名称	安装工艺
3	铁壳开关	(1)铁壳开关应垂直安装。安装高度常规是离地面1300～1500mm左右,以方便操作和确保安全为准则 (2)金属部分必须做接地或接零,电阻值应符合设计要求 (3)开关的铁壳进出线孔应设有保护绝缘垫圈。如采用穿管敷线时,管子应穿入进出线孔,并用管扣螺母拧紧,露出丝扣为2～4扣。也可采用金属软管缓冲连接,金属软管的两端接头必须固定牢靠。接线方式有两种: ①将电源线与开关的静触头相接,负载接开关熔丝下的下柱端头上,在开关拉断后,闸刀与熔丝不带电,确保操作安全 ②将电源线接在熔丝下柱端头上,负载接在静触头上,这种接线方式在开关的闸刀发生故障的熔丝熔断,可立即切断电源 (4)熔丝的型号、规格必须符合设计要求
4	组合开关	(1)组合开关安装,应将手柄保持水平旋转位置上 (2)触头接触应紧密可靠

(1)隔离开关与闸刀开关安装。

①开关应垂直安装在开关板上(或控制屏、箱上),并应使夹座位于上方。

②开关在不切断电流、有灭弧装置或用于小电流电路等情况下,可水平安装。水平安装时,分闸后可动触头不得自行脱落,其灭弧装置应固定可靠。

③可动触头与固定触头的接触应密合良好。大电流的触头或刀片宜涂电力复合脂。有消弧触头的闸刀开关,各相的分闸动作应迅速一致。

④双投刀开关在分闸位置时,刀片应可靠固定,不得自行合闸。

⑤安装杠杆操作机构时,应调节杠杆长度,使操作到位、动

作灵活、开关辅助接点指示应正确。

⑥开关的动触头与两侧压板距离应调整均匀，合闸后接触而应压紧，刀片与静触头中心线应在同一平面内，刀片不应摆动。

闸刀开关用作隔离开关时，合闸顺序为先合上闸刀开关，再合上其他用以控制负载的开关，分闸顺序则相反。

闸刀开关应严格按照技术文件（产品说明书）规定的分断能力来分断负荷，无灭弧罩的刀开关常规不允许分断负载，否则，有可能导致稳定持续燃弧，使闸刀开关寿命缩短；严重的还会造成电源短路，开关烧毁，甚至酿成火灾。

(2)直流母线隔离开关安装。

①无论是垂直安装或水平安装的母线隔离开关，其刀片应垂直于板面。在建筑构件上安装时，刀片底部与基础间应有不小于50mm的距离。

②开关动触片与两侧压板的距离应调整均匀。合闸后，接触面应充分压紧，刀片不得摆动。

③刀片与母线直接连接时，母线固定端必须牢固。

(3)试运行。

①转换开关和倒顺开关安装后，其手柄位置的指示应与相应的接触片位置相对应，定位机构应可靠。所有的触头在任何接通位置上应接触良好。

②带熔断器或灭弧装置的负荷开关接线完毕后经过检查，熔断器应无损伤，灭弧栅应完好，并固定可靠；电弧通道应畅通，灭弧触头各相分闸应一致。

4. 漏电保护器安装

配电线路漏电时有发生。漏电极易引起火灾，触电会导致人身伤亡事故。所以,配电线路必须确保供电安全和用电安全,防止发生漏电和触电事故。从而可以确定漏电保护器在配电线路的地位和重要性,因为漏电保护器具有漏电开关功能,灵敏度高,能及时准确地断电源,保证供电、用电安全。

漏电保护器包括漏电开关和漏电继电器。按工作原理可分为:电压型漏电开关、电流型漏电开关、电流型漏电继电器。按漏电动作的电流值可分为:高灵敏型、中灵敏型和低灵敏型漏电开关。按工作动作时间可分为:高速型、延时型和反时限型。

(1)漏电保护器安装条件。

①根据配电线路的情况选用漏电保护器,见表 2-26。

②根据气候条件和使用场所选用漏电保护器,见表 2-27、表 2-28。

表 2-26 按线路状况选用漏电保护器

序号	线路状况	选用类型
1	新线路	选用高灵敏度漏电开关
2	线路较差	选用中灵敏度漏电开关
3	线路范围小	选用高灵敏度漏电开关
4	线路范围大	选用中灵敏度漏电开关

表 2-27 按气候条件选用漏电保护器

序号	气候条件	选用类型
1	干燥型	选用高灵敏度漏电开关
2	潮湿型	选用中灵敏度漏电开关
3	雷雨季节长	选用冲击波不动作型漏电开关或漏电继电器
4	有黄梅季节	选用漏电动作电流能分级调整的冲击波不动作型漏电开关或漏电继电器

表 2-28 按使用场所选用漏电保护器

序号	使用场所	选用类型	作用
1	(1)电动工具、机床、潜水泵等单独设备的保护 (2)分支回路保护 (3)小规模住宅主回路的全面保护	额定漏电动作电流在 30mA 以下,漏电动作时间小于 0.1s 的高灵敏度高速型漏电开关	(1)防止一般设备漏电引起的触电事故 (2)在设备接地效果非甚佳处防止触电事故 (3)防止漏电引起的火灾
2	(1)分支电路保护 (2)需提高设备接地保护效果处	额定漏电动作电流为 50～500mA,动作时间小于 0.1s 的中灵敏度高速型漏电开关或漏电继电器	(1)容量较大设备的回路漏电保护 (2)在设备的电线需要穿管子,并以管子作接地极时,防止漏电引起的事故 (3)防止漏电引起的火灾
3	(1)干线的全面保护 (2)在分支电路中装设高灵敏度 高速型漏电开关以实现分级保护处	额定漏电动作电流为 50～500mA,漏电动作时间有延时的中灵敏度延时型漏电开关或漏电继电器	(1)设备回路的全面漏电保护 (2)与高速型漏电开关配合,以形成对整个电网更加完善的保护 (3)防止漏电引起的火灾

③根据保护项目选用漏电保护器,见表 2-29。

表 2-29 按保护对象选用漏电保护器

序号	保护对象	选用类型
1	单台电动机	选用兼具电动机保护特性的高灵敏度高速型漏电开关单台用电设备
2	单台用电设备	选用同时具有过载、短路及漏电三种保护特性的高灵敏度高速型漏电开关
3	分支电路	选用同时具有过载、短路及漏电三种保护特性的中灵敏度高速型漏电开关

续表

序号	保护对象	选用类型
4	家用线路	选用额定电压为 220V 的高灵敏度高速型漏电开关
5	分支电路与照明电路混合系统	选用四极高速型高(或中)灵敏度漏电开关
6	主干线总保护	选用大容量漏电开关或漏电继电器
7	变压器低压侧总保护	选用中性点接地式漏电开关
8	有主开关的变压器低压侧总保护	选用中性点接地式漏电继电器

(2)电路配线保护技术措施应符合以下要求。

①三相四线制供电的配电线路中，各项负荷应均匀分配，每个回路中的灯具和插座数量不宜超过 25 个(不包括花灯回路)，且应设置 15A 及以下的熔线保护。

②三相四线制 TN 系统配电方式，N 线应在总配电箱内或在引入线处做好重复接地。PE(专用保护线)与 N(工作零线)应分别与接地线相连接。N(工作零线)进入建筑物(或总配电箱)后严禁与大地连接，PE 线应与配电箱及三孔插座的保护接地插座相连接。

③建筑物内 PE 线最小截面不应小于表 2-30 规定的数值。

表 2-30　专用保护(PE)线截面值

相线截面 S/mm^2	PE 线最小截面 SP/mm^2	相线截面 S/mm^2	PE 线最小截面 SP/mm^2
$S \leqslant 16$	$SP \geqslant 2.5$	$S > 35$	$SP = S/2$
$16 < S \leqslant 35$	$SP \geqslant 1.6$		

(3)漏电保护器的安装、调试。

漏电保护器是用来对有致命危险的人身触电进行保护,并防止电器或线路漏电而引起事故的,其安装应符合以下要求。

①住宅常用的漏电保护器及漏电保护自动开关安装前,首先应经国家认证的法定电器产品检测中心,按国家技术标准试验合格方可安装。

②漏电保护自动开关前端N线上不应设有熔断器,以防止N线保护熔断后相线漏电,漏电保护自动开关不动作。

③按漏电保护器产品标志进行电源侧和负荷侧接线。

④在带有短路保护功能的漏电保护器安装时,应确保有足够的灭弧距离。

⑤漏电保护器安装在特殊环境中,必须采取防腐、防潮、防热等技术措施。

⑥电流型漏电保护器安装后,除应检查接线无误外,还应通过按钮试验,检查其动作性能是否满足要求。

⑦火灾探测器、手动火灾报警按钮、火灾报警控制器、消防控制设备等安装,应按《火灾自动报警系统施工及验收规范》(GB 50166—2007)的规定执行。

5. 接触器安装

(1)接触器的型号、规格应符合设计要求,并应有产品质量合格证和技术文件。

(2)安装之前,首先应全面检查接触器各部件是否处于正常状态,主要是触头接触是否正常,有无卡阻现象。铁芯极面应保持洁净,以保证活动部分自由灵活的工作。

(3)引线与线圈连接牢固可靠,触头与电路连接正确。接线应牢固,并应做好绝缘处理。

(4)接触器安装应与地面垂直,倾斜度不应超过 5°。

6. 启动器安装

(1)启动器应垂直安装,工作活动部件应动作灵活可靠,无卡阻。

(2)启动衔铁吸合后应无异常响声,触头接触紧密,断电后应能迅速脱开。

(3)可逆电磁启动器防止同时吸合的连锁装置动作正确、可靠。

(4)接线应正确。接线应牢固,裸露线芯应做好绝缘处理。

(5)启动器的检查、调整。

①启动器接线应正确。电动扣定子绕组的正常工作应为三角形接线法。

②手动操作的星、三角启动器,应在电动机转速接近运行转速时进行切换。自动转换的启动器应按电机负荷要求正确调节延时装置。

(6)自耦减压启动器安装应符合以下要求。

①启动器应垂直安装。

②油浸式启动器的油面必须符合标定油面线的油位。

③减油抽头在 65%~80%额定电压下,应按负荷要求进行调整。启动时间不得超过自耦减压启动器允许的启动时间。

④连续启动累计或一次启动时间接近最大允许启动时间时,应待其充分冷却后方能再次启动。

(7)手动操作启动器的触头压力,应符合产品技术文件要求及技术标准的规定值,操作应灵活。

(8)接触器与启动器均应进行通断检查。对用于重要设备的接触器或启动器尚应检查其启动值是否符合产品技术文件的规定。

变阻式启动器的变阻器安装后，应检查其电阻切换程序。触头压力、灭弧装置及启动值，应符合设计要求或产品技术文件的规定。

7. 继电器安装

(1)继电器的型号、规格应符合设计要求。因为继电器是根据一定的信号(电压、电流、时间)来接通和断开电路的电器。在电路中通常是用来接通和断开接触器的吸引线圈，以达到控制或保护用电设备的目的。所以，继电器有按电压信号动作和电流信号动作之分。电压继电器及电流继电器都是电磁式继电器。常规是按电路要求控制的触头较多，需选用一种多触头的继电器，以其扩大控制工作范围。

(2)继电器可动部分的动作应灵活、可靠。

(3)表面污垢和铁芯表面防腐剂应清除干净。

(4)安装时必须试验端子确保接线相位的准确性。固定螺栓加套绝缘管，安装继电器应保持垂直，固定螺栓应垫橡胶垫圈和防松垫圈紧固。

六、防雷及接地装置安装

1. 防雷装置及其安装

雷电是雷云之间或雷云对地面放电的一种自然现象。

在雷雨季节里，地面上的一部分水，受热蒸发变成水蒸气，随热空气上升，在空中与冷空气相遇，凝结成水滴或冰晶，形成积云。水滴受强烈气流摩擦发生带电，带电的雷云在大地表面感应出与云块相反的电荷，当电场较强时，即发生雷云与大地之间的放电；两块带异性电荷的雷云，相互接近到一定程度时，会发生空气击穿而产生强烈的空中放电，这就是雷电。雷电流流过地面的被击物时，具有极大的破坏性，其电压可达数百万伏。电流可高达数万安培至数十万安培，雷击放电时，温度可高达20000℃，造成人畜伤亡、建筑物击毁或燃烧、线路停电及电气设备损坏等严重事故。因此，必须根据被保护物的不同要求，雷电的不同形式，采取可靠的防雷措施，装设各种防雷装置，保护人民生命财产和电气设备安全。

(1)防直击雷。

雷电直接击中建筑物或其他物体对其放电，这种雷击称为直击雷。

第一、二、三类工业建筑物和构筑物及第一、二类民用建筑物和构筑物的易受雷击部位，都必须采取防直击雷措施。

防直击雷的主要措施是装设避雷针、避雷带、避雷网、避雷线。这些设备又称接闪器，即在防雷装置中，用以接受雷云放电的金属导体。

①避雷针。避雷针通常采用镀锌圆钢或镀锌钢管制成，上部制成针尖形状。所采用的圆钢或钢管的直径不小于下列数值：

a. 当针长为1m以下时：圆钢为12mm，钢管为20mm。

b. 当针长为1～2m时：圆钢为16mm，钢管为25mm。

c. 烟囱顶上的避雷针：圆钢为20mm。

避雷针一般安装在支柱（电杆）上或其他构架、建筑物上。避雷针下端必须经引下线与接地装置焊接联接，做到可靠接地。接地电阻不大于10Ω。装设避雷针的构架上不得架设低压线或通讯线。

引下线一般采用圆钢或扁钢，其尺寸不小于下列数值：圆钢直径8mm；扁钢截面48mm^2，厚度4mm。所用的圆钢或扁钢均需镀锌。引下线的安装路径应短直，其紧固件及金属支持件均应镀锌。引下线距地面1.7m处开始至地下0.3m一段应加塑料管或钢管保护。

避雷针的作用原理是它能对雷电场产生一个附加电场（这种附加电场是由于雷云对避雷针产生静电感应引起的），使雷电场发生畸变，将雷云放电的路径由原来可能从被保护物通过的方向吸引到避雷针本身，由它经引下线和接地体把雷电流泄放到大地中，使被保护物免受直击雷雷击。所以实质上避雷针是引雷针，它是把雷电流引来入地，从而保护了其他物体免受雷击。

避雷针有单支、双支、多支等不同情况，这主要是根据保护范围而定。

避雷针及其接地装置不能装设在人、畜经常通行的地方，距道路应3m以上，否则要采取保护措施。与其他接地装置和配电装置之间要保持规定距离：地面上不小于5m，地下不小于3m。

②避雷带、避雷网。避雷带、避雷网普遍用来保护建筑物免受直击雷和感应雷。

避雷带是沿建筑物易受雷击部位（如屋脊、屋檐、屋角等处）装设的带形导体。避雷网是将屋面上纵横敷设的避雷带组成的网格，网格大小按有关规范确定，对于防雷等级不同的建筑物，其要求不同。

避雷带一般采用镀锌圆钢或镀锌扁钢制成，其尺寸不小于下列数值：圆钢直径为8mm；扁钢截面积为48mm^2，厚度为4mm。装设在烟囱顶端的避雷环，一般采用镀锌圆钢或镀锌扁钢，圆钢直径不得小于12mm；扁钢截面不得小于100mm^2，厚度不得小于4mm。避雷带（网）距屋面一般100～150mm，支持支架间隔距离一般为1～1.5m。支架固定在墙上或现浇的混凝土支座上。引下线采用镀锌圆钢或镀锌扁钢。圆钢直径不小于

8mm；扁钢截面积不小于$48mm^2$，厚度为 4mm。引下线沿建(构)筑物的外墙明敷设，固定于埋设在墙里的支持卡子上。支持卡子的间距为 1.5m，也可以暗敷，但引下线截面积应加大。引下线一般不少于两根，对于第三类工业、第二类民用建(构)筑物，引下线的间距一般不大于 30m。

采用避雷带时，屋顶上任何一点距离避雷带不应大于 10m。当有 3m 及以上平行避雷带时，每隔 30～40m 宜将平行的避雷带连接起来。屋顶上装设多支避雷针时，两针间距离不宜大于 30m。屋顶上单支避雷针的保护范围可按 60°保护角确定。

③避雷线。避雷线架设在架空线路上，以保护架空线路免受直接雷击。由于避雷线既要架空又要接地，所以避雷线又称架空地线。其防雷原理与避雷针、避雷带相同，只是保护范围较避雷针小。

避雷线一般用截面不小于 $35mm^2$ 的镀锌钢绞线。根据规定：220kV 及以上架空电力线路应沿全线架设避雷线；110kV 架空电力线路一般也是沿全线架设避雷线；35kV 及以下电力架空线路，一般不沿全线架设避雷线。有避雷线的线路，每基杆塔不连避雷线的工频接地电阻，在雷季干燥时，不宜超过表 2-31 所列数值。

表 2-31　　避雷线工频接地电阻

土壤电阻率/Ω·m	100 及以下	100 以上至 500	500 以上至 1000	1000 以上至 2000	2000 以上
接地电阻	10	15	20	25	30*

注：* 如土壤电阻率很高，接地电阻很难降低到 30Ω 时，可采用 6～8 根总长度不超过 500m 的放射形接地体，或连续伸长接地体，其接地电阻不受限制。

除架设避雷线防止电力架空线路遭受直击雷外，10kV 导线三角形排列的配电架空线路，其顶线与保护间隙配合，也能起到防雷保护作用。见图2-35，在三角形排列的顶线绝缘子上装以保护间隙，在遭雷击时，顶线承受雷击，由于雷电压很高，使保护间隙击穿，将雷电流通过引下线、接地体向大地泄放，从而保护了下面两相导线，10kV系统是小电流接地系统，所以一般不会引起线路跳闸。

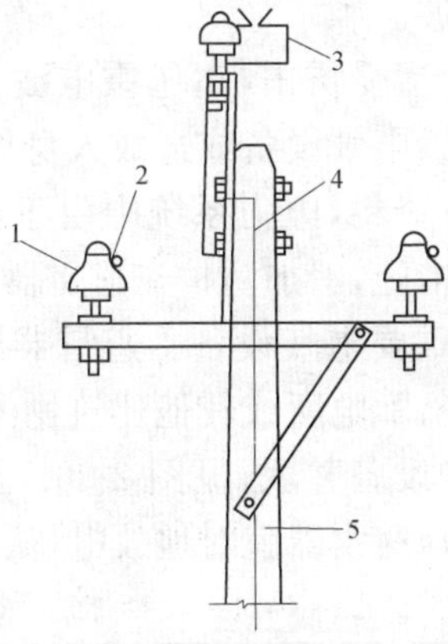

图2-35　顶相绝缘子附加保护间隙

1—绝缘子；2—架空导线；3—保护间隙；4—接地引下线；5—支柱（电杆）

（2）防感应雷。

由于雷电的静电感应或电磁感应引起的危险过电压称为感应雷。感应雷产生的感应过电压可高达数十万伏。

防止静电感应产生的高压，一般是在建筑物内，将金属敷埋设备、金属管道、结构钢筋予以接地，使感应电荷迅速入地，避免雷害。根据建筑物的不同屋顶，采取相应的防止静电感应措施。例如，对于金属屋顶，将屋顶妥善接地；对于钢筋混凝土屋顶，将屋面钢筋焊成6～12m网格，连成通路，并予以接地；对于非金属屋顶，在屋顶上加装边长6～12m金属网格，并予接地。屋顶或屋顶上的金属网格的接地不得少于 2 处，其间距不得大于 18～30m。

防止电磁感应引起的高电压，一般采取以下措施：对于平行金属管道相距不到 100mm 时，每 20～30m 用金属线跨接；交叉金属管道不到 100mm 时，也用金属线跨接；管道与金属设备或金属结构之间距离小于 100mm 时，也用金属线跨接；在管道接头、弯头等连接部位也用金属线跨接，并可靠接地。

(3)防雷电侵入波。

由于输电线路上遭受雷击，高压雷电波便沿着输电线侵入变配电所或用户，击毁电气设备或造成人身伤害，这种现象称为雷电波侵入。据统计资料，电力系统中由于雷电波侵入而造成的雷害事故，要采取措施，严加防护。避雷器就是防止雷电波侵入，造成雷害事故的重要电气设备。避雷器用来防护雷电波的高电压沿线路侵入变、配电所或其他建筑物内，损坏被保护设备的绝缘。它与被保护设备并联，见图 2-36。当线路上出现危及设备绝缘的过电压时，避雷器就对地放电，从而保护了设备。

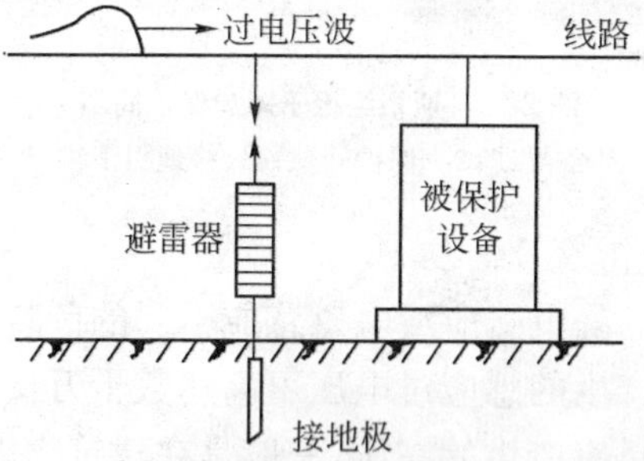

图 2-36 避雷器的连接

避雷器有：阀型避雷器、管型避雷器、氧化锌避雷器。

①阀型避雷器：阀型避雷器由火花间隙和阀电阻片组成，装在密封的瓷套管内。火花间隙一般采用多个单位间隙串联而

成,阀电阻片是非线性电阻,加在上面的电压愈高其电阻值愈小,加在上面的电压低时,其电阻值很大,一般用金刚砂(碳化硅)颗粒和结合剂制成。见图2-37。

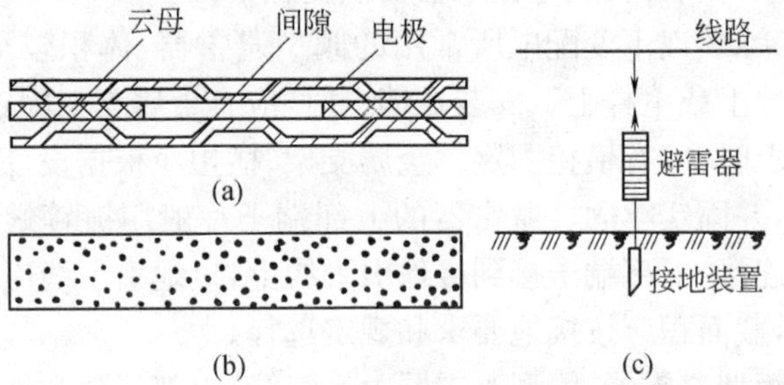

图2-37　阀型避雷器

(a)避雷器的单位火花间隙;(b)避雷器的阀电阻片;(c)避雷器的连接

正常情况下,火花间隙阻止线路工频电流通过,但在线路上出现高电压雷电波时,火花间隙就被击穿,阀电阻片在高电压作用下电阻值变得很小,这样雷电流便通畅地向大地泄放,保护了被保护设备不被击坏。当过电压一旦消失,线路上恢复工频电压时,阀电阻片又呈现很大的电阻,火花间隙绝缘也迅速恢复,恢复正常运行。

阀型避雷器安装应注意:

a.安装前应检查其型号规格是否与设计相符;瓷件应无裂纹、破损;瓷套与铁法兰间的结合应良好;组合元件应经试验合格,底座和拉紧绝缘子的绝缘应良好。

b.阀型避雷器应垂直安装,每个元件的中心线与避雷器安装点中心线的垂直偏差不应大于该元件高度的1.5%,如有歪斜,可在法兰间加金属片校正,但应保证其导电良好,并把缝隙垫平后涂以油漆。均压环应安装水平,不能歪斜。

c. 拉紧绝缘子串必须紧固，弹簧应能伸缩自如，同相绝缘子串的拉力应均匀。

d. 放电记录器应密封良好、动作可靠、安装位置应一致，且便于观察；安装时，放电记录器要恢复至零位。

e. 50kV 以下变配电所常用的阀型避雷器，体积较小，一般安装在墙上或电杆上。安装在墙上时，应有金属支架固定；安装在电杆上时，应有横担固定。金属支架、横担应根据设计要求加工制作，并固定牢固。避雷器的上部端子一般用镀锌螺栓与高压母线连接，下部端子接到接地引下线上，接地引下线应尽可能短而直，截面积应按接地要求和规定选择。

②管型避雷器：管型避雷器由产气管、内部间隙和外部间隙三部分组成，见图 2-38。

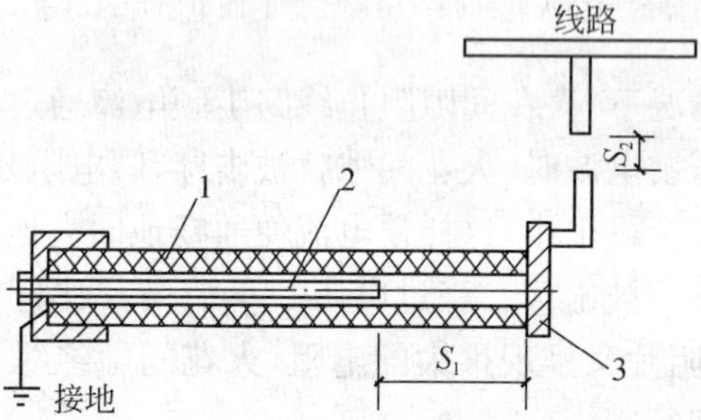

图 2-38　管型避雷器

1—产气管；2—内部电极；3—外部电极；
S_1—内部间隙；S_2—外部间隙

产气管由纤维、有机玻璃或塑料制成。内部间隙装在产气管内，一个电极为棒形，另一个电极为环形。图 2-38 中，S_1 为管型避雷器的内部间隙，S_2 是装在管型避雷器与带电的线路之间的外部间隙。

当线路上遭到雷击或发生感应雷时，雷电过电压使管型避雷器的外部间隙和内部间隙击穿，强大的雷电流通过接地装置入地。同时，随之而来的工频续流也很大，雷电流和工频续流在管子内部间隙产生强烈电弧，使管内壁的材料燃烧，产生大量气体，由于管子容积很小，使管内气体压力很大，把电弧强烈地从管口喷出，使电弧熄灭。外部间隙在雷电流入地后便很快恢复绝缘，使避雷器与线路隔离，线路便恢复正常运行。

一般管型避雷器用在线路上，在变配电所内一般用阀型避雷器。

管型避雷器安装要求如下：

a. 安装前应进行外观检查：绝缘管壁应无破损、裂痕；漆膜无脱落；管口无堵塞；配件齐全；绝缘应良好，试验应合格。

b. 灭弧间隙不得任意拆开调整，其喷口处的灭弧管内径应符合产品技术规定。

c. 安装时应在管体的闭口端固定，开口端指向下方。倾斜安装时，其轴线与水平方向的夹角：普通管型避雷器应不小于 15°；无续流避雷器应不小于 45°；装在污秽地区时，还应增大倾斜角度。

d. 避雷器安装方位，应使其排出的气体不致引起相间或对地短路或闪络，也不得喷及其他电气设备。避雷器的动作指示盖向下打开。

e. 避雷器及其支架必须安装牢固，防止反冲力使其变形和移位，同时应便于观察和检修。

f. 无续流避雷器的高压引线与被保护设备的连接线长度应符合产品的技术规定。

③氧化锌避雷器：氧化锌避雷器是 20 世纪 70 年代初期出现的压敏避雷器，它是以金属氧化锌微粒为基体，与精选过的能够产生非线性特性的金属氧化物（如氧化铋等）添加剂高温烧结

而成的非线性电阻。其工作原理是:在正常工作电压下,具有极高的电阻,呈绝缘状态;当工作电压超过其启动值(如雷电过电压或操作过电压等)时,氧化锌阀片电阻变为极小,呈"导通"状态,将雷电流向大地泄放。待过电压消失后,氧化锌阀片电阻又呈现高阻状态,使"导通"终止,恢复原始状况。氧化锌避雷器动作迅速,通流量大,伏安特性好,残压低,无续流,因此,使用很广,其安装要求与阀型避雷器相同。

2. 接地装置及其安装

电气接地一般可分成两大类:工作接地和保护接地。工作接地是指为了保证电气设备在系统正常运行和发生事故情况下能可靠工作而进行的接地。如380/220V配电网络中的配电变压器中性点接地就是工作接地,这种配电变压器假如中性点不接地,那么当配电系统中一相导线断线,其他二相电压就会升高$\sqrt{3}$倍,即220V变为380V,这样就会损坏用电设备;还有像避雷针、避雷器的接地也是工作接地,假如避雷针、避雷器不接地或接地不好,则雷电流就不能向大地通畅泄放,这样避雷针、避雷器就不能起防雷保护作用。所以工作接地是指为了保证电气设备安全可靠工作、必须的接地。保护接地是指为了保证人身安全和设备安全,将电器在正常运行中不带电的金属部分可靠接地。这样可防止电气设备绝缘损坏或其他原因使外壳等金属部分带电时发生人身触电事故。

无论哪种接地,接地必须良好,接地电阻必须满足规定要求。一般接地是通过接地装置来实施。接地装置包括接地体和接地线两部分,其中,接地体是埋入地下,直接与土壤接触的金属导体。接地体有自然接地体和人工接地体两种。自然接地体是指兼作接地用的直接与大地接触的各种金属管道(输送易燃、易爆气体或液体的管道除外)、金属构件、金属井管、钢筋混凝土基础等。人工接地体是指人为埋入地下的金属导体,如 50mm×50mm×5mm 镀锌角钢、ϕ50mm 镀锌钢管等。接地线是指电气设备需接地的部分与接地体之间连接的金属导线。它有自然接地线和人工接地线两种。自然接地线如建筑物的金属结构(金属梁、柱等),生产用的金属结构(吊车轨道、配电装置的构架等),配线的钢管,电力电缆的铅皮,不会引起燃烧、爆炸的所有金属管道。人工接地线一般都采用扁钢或圆钢制作。

接地装置的导体截面,应符合热稳定和机械强度的要求,且不应小于表 2-32 所列规格。

表 2-32　钢接地体和接地线的最小规格

种类规格及单位		地上		地下
		室内	室外	
圆钢直径/mm		5	6	8(10)
扁　钢	截面/mm^2	24	48	48
	厚度/mm^2	3	4	4(6)
角钢厚度/mm		2	2.5	4(6)
钢管管壁厚度/mm		2.5	2.5	3.5(4.5)

注:①表中括号内的数值系指直流电力网中经常流过电流的接地线和接地体的最小规格。

②电力线路杆塔的接地体引出线的截面不应小于 50mm^2,引出线应热镀锌。

图 2-39 是接地装置示意图。其中接地线分接地干线和接地支线。电气设备需接地的部分就近通过接地支线与接地网的接地干线相连接。

(1)人工接地体安装。

①垂直接地体的制作。垂直接地体一般采用镀锌角钢或钢管制作。角钢厚度不小于 4mm,钢管壁厚不小于 3.5mm,有效

截面积不小于 $48mm^2$。所用材料不应有严重锈蚀，弯曲的材料必须矫直后方可使用。一般用 50mm×50mm×5mm 镀锌角钢或 ϕ50mm 镀锌钢管制作。垂直接地体的长度一般为 2.5m，其下端加工成尖形。用角钢制作时，其尖端应在角钢的角脊上，且两个斜边要对称，见图 2-40(a)；用钢管制作时要单边斜削，见图 2-40(b)。

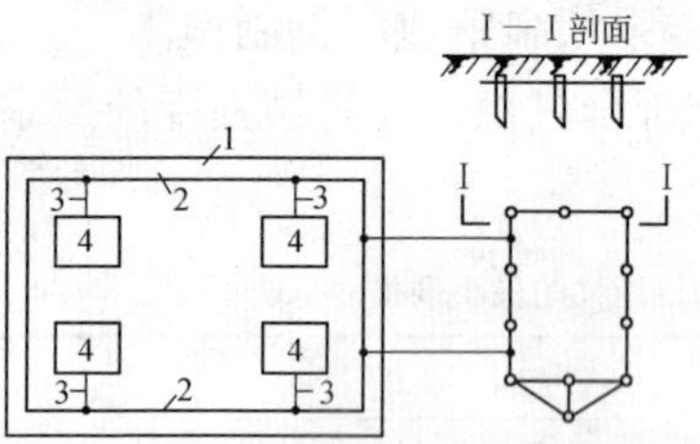

图 2-39 接地装置示意图

1—接地体；2—接地干线；

3—接地支线；4—电气设备

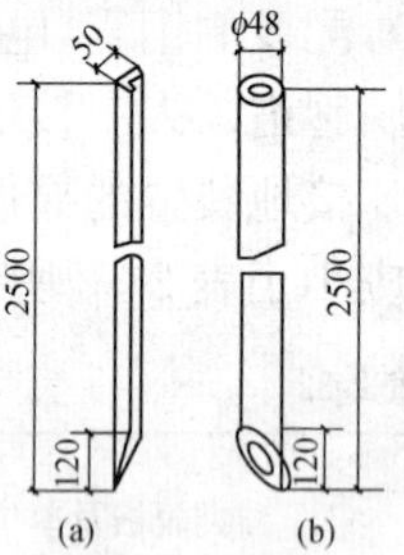

图 2-40 垂直接地体

(a)角钢；(b)钢管

②垂直接地体安装。装设接地体前，需沿设计图规定的接地网的线路先挖沟。由于地的表层容易冰冻，冰冻层会使接地电阻增大，且地表层容易被挖掘，会损坏接地装置。因此，接地装置需埋于地表层以下，一般埋设深度不应小于 0.6m。一般挖沟深度 0.8～1m。

沟挖好后应尽快敷设接地体，接地体长度一般为 2.5m，按设计位置将接地体打入地下，当打到接地体露出沟底的长度 150～200mm(沟深 0.8～1m)时，停止打入。然后再打入相邻一根接地体，相邻接地体之间间距不小于接地体长度的 2 倍，接地体与建筑物之间距离不能小于 1.5m。接地体应与地面垂直。接地体间连接一般用镀锌扁钢，扁钢规格和数量以及敷设位置应按设计图规定，扁钢与接地体用焊接方法连接（搭接焊，焊接长度符合规定）。扁钢应立放，这样既便于焊接，也可减小接地流散电阻。

接地体连接好后，经过检查确认接地体的埋设深度、焊接质量等均已符合要求后，即可将沟填平。填沟时应注意回填土中不应夹有石块、建筑碎料及垃圾，回填土应分层夯实，使土壤与接地体紧密接触。

③水平接地体安装。水平接地体多采用ϕ16mm的镀锌圆钢或40mm×4mm镀锌扁钢。常见的水平接地体有带形、环形和放射形，见图2-41。埋设深度一般在0.6～1m之间，不能小于0.6m。

图2-41　常见的水平接地体

带形接地体多为几根水平安装的圆钢或扁钢并联而成，埋设深度不小于0.6m，其根数及每根长度按设计要求。

环形接地体是用圆钢或扁钢焊接而成，水平埋设于地下0.7m以上。其直径大小按设计规定。

放射形接地体的放射根数一般为3根或4根，埋设深度不小于0.7m，每根长度按设计要求。

(2)接地线安装。

人工接地线材料一般都采用圆钢或扁钢。只有移动式电气设备和采用钢质导线在安装上有困难的电气设备，才采用有色金属作为人工接地线，但禁止使用裸铝导线作接地线。接地干线采用扁钢时，截面不小于4mm×12mm，采用圆钢时直径不小于6mm。

接地线的安装包括接地体连接用的扁钢及接地干线和接地支线的安装。

接地网中各接地体间的连接干线，一般用扁钢宽面垂直安装，连接处应尽可能采用焊接并加镶块，以增大焊接面积。如无条件焊接时，也允许用螺钉压接，但要先在接地体上端装设接地干线连接板，见图 2-42。连接板须经镀锌处理，螺钉也要采用镀锌螺钉。安装时，接触面应保持平整、严密，不可有缝隙，螺钉要拧紧。在有振动的地方，螺钉上应加弹簧垫圈。

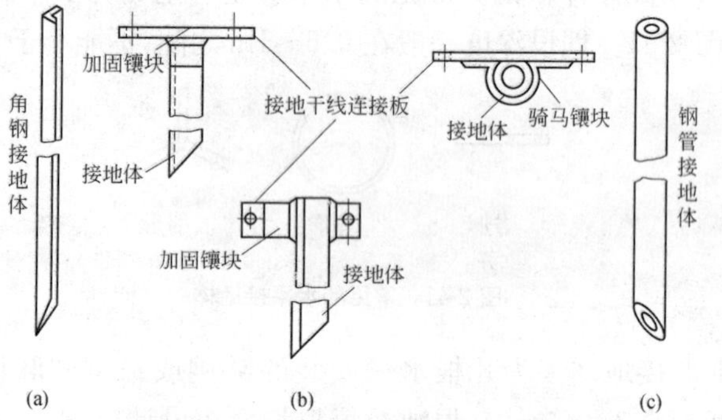

图 2-42 垂直接地体焊接接地干线连接板

(a)角钢顶端装连接板；(b)角钢垂直面装连接板；(c)钢管垂直面装连接板

①接地干线安装。安装时要注意以下问题：接地干线应水平或垂直敷设，在直线段不应有弯曲现象。安装位置应便于检修，并且不妨碍电气设备的拆卸与检修。接地干线与建筑物或墙壁间应有 15～20mm 间隙。水平安装时离地面距离一般为 200～600mm(具体按设计图)。接地线支持卡子之间的距离，在水平部分为 1～1.5m，在垂直部分为 1.5～2m，在转角部分为 0.3～0.5m。在接地干线上应做好接线端子(位置按设计图纸)

以便连接接地支线。接地线由建筑物内引出时,可由室内地坪下引出,也可由室内地坪上引出,其做法见图2-43。接地线穿过墙壁或楼板,必须预先在需要穿越处装设钢管,接地线在钢管内穿过,钢管伸出墙壁至少10mm,在楼板上面至少要伸出30mm,在楼板下至少要伸出10mm,接地线穿过后,钢管两端要做好密封,见图2-44。

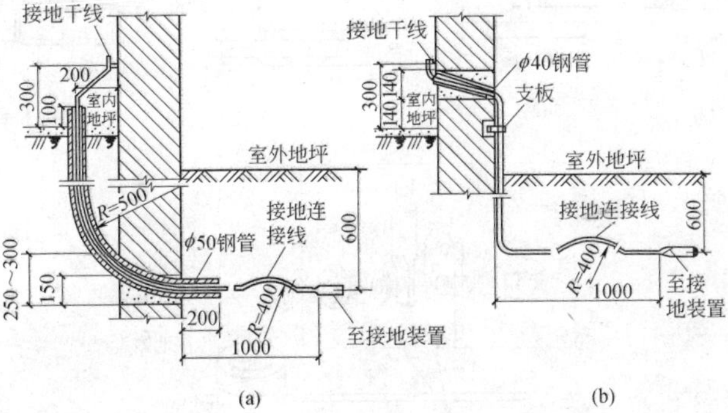

图2-43　接地线由建筑物内引出安装

(a)接地线由室内地坪下引出;(b)接地线由室内地坪上引出

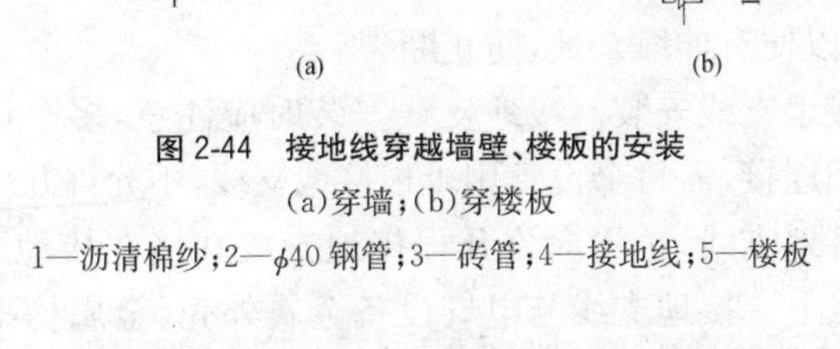

图2-44　接地线穿越墙壁、楼板的安装

(a)穿墙;(b)穿楼板

1—沥清棉纱;2—φ40钢管;3—砖管;4—接地线;5—楼板

采用圆钢或扁钢作接地干线时，其连接必须用焊接(搭焊)，圆钢搭接时，焊缝长度至少为圆钢直径的 6 倍，见图 2-45(a)、(b)、(c)；两扁钢搭接时，焊缝长度为扁钢宽度的 2 倍，见图 2-45(d)；如采用多股绞线连接时，应采用接线端子，见图 2-45(e)。

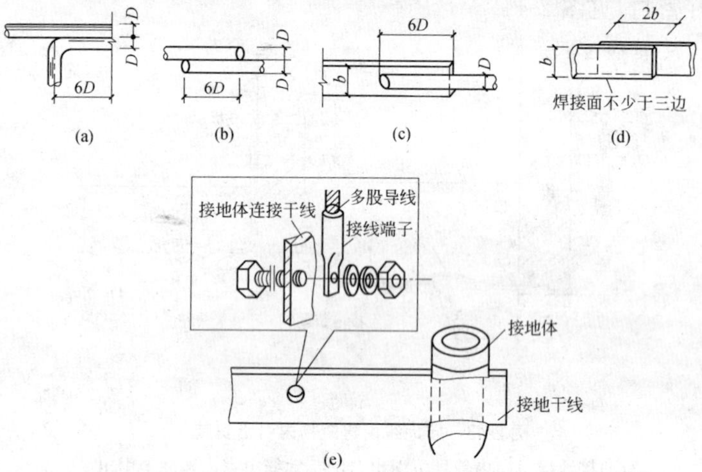

图 2-45　接地干线的连接

(a)圆钢直角搭接；(b)圆钢与圆钢搭接；(c)圆钢与扁钢搭接；
(d)扁钢直接搭接；(e)扁钢与钢绞线的联结

接地干线与电缆或其他电线交叉时，其间距应不小于 25mm；与管道交叉时，应加保护钢管；跨越建筑物伸缩缝时，应有弯曲，以便有伸缩余地，防止断裂。

②接地支线安装。接地支线安装时应注意，多个设备与接地干线相连接，需每个设备用 1 根接地支线，不允许几个设备合用 1 根接地支线，也不允许几根接地支线并接在接地干线的 1 个连接点上。接地支线与电气设备金属外壳、金属构架的连接

方法见图 2-46。接地支线的两头焊接接线端子，并用镀锌螺钉压接。

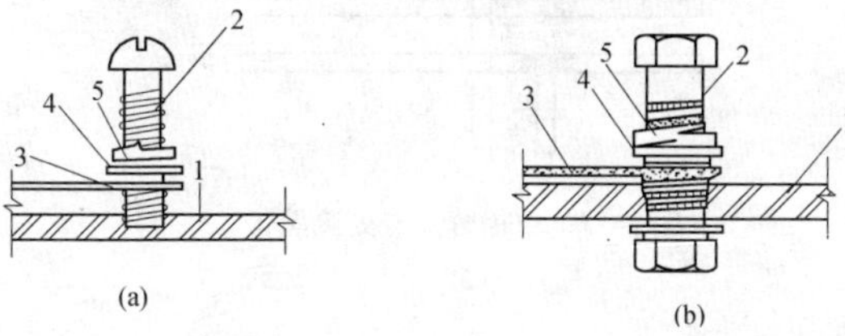

图 2-46　电气设备金属外壳或金属构架与接地支线连接

(a)电气设备金属外壳接地；(b)金属构架接地

1—电气设备金属外壳或金属构架；2—连接螺栓；

3—接地支线；4—镀锌垫圈；5—弹簧垫片

明设的接地支线在穿越墙壁或楼板时应穿管保护；固定敷设的接地支线需要加长时，连接必须牢固，用于移动设备的接地支线不允许中间有接头；接地支线的每一个连接处，都应置于明显处，以便于检修。

(3)接地装置的涂色。

接地装置安装完毕后，应对各部分进行检查，尤其是焊接处更要仔细检查焊接质量，对合格的焊缝应按规定在焊缝各面涂漆。

明敷的接地线表面应涂黑漆，如因建筑物的设计要求需涂其他颜色，则应在连接处及分支处涂以各宽为 15mm 的两条黑带，间距为 150mm。中性点接至接地网的明敷接地导线应涂紫色带黑色条纹。在三相四线网络中，如接有单相分支线并零线接地时，零线在分支点应涂黑色带以便识别，见图 2-47。

在接地线引向建筑物内的入口处，一般在建筑物外墙上标以黑色记号“⏚”，以引起维护人员的注意。在检修用临时接地点处，应刷白色底漆后标以黑色记号“⏚”。

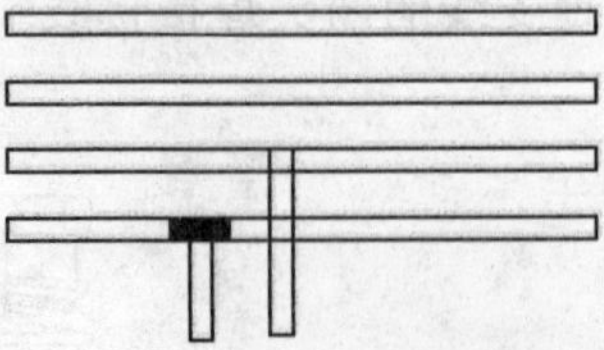

图 2-47 单相分支点处涂黑带

第3部分 建筑电工岗位安全常识

一、建筑电工施工安全基本知识

1. 施工现场临时用电作业安全技术要求

(1)电工作业必须经专业安全技术培训,考试合格,持考试合格证方准上岗独立操作。非电工严禁进行电气作业。

(2)电工接受施工现场暂设电气安装任务后,必须认真领会落实临时用电安全施工组织设计(施工方案)和安全技术措施交底的内容,施工用电线路架设必须按施工图规定进行,凡临时用电使用超过六个月(含六个月)以上的,应按正式线路架设。改变安全施工组织设计规定,必须经原审批单位领导同意签字,未经同意不得改变。

(3)电工作业时,必须穿绝缘鞋、戴绝缘手套,酒后不准操作。

(4)所有绝缘、检测工具应妥善保管,严禁他用,并应定期检查、校验。保证正确可靠接地或接零。所有接地或接零处,必须保证可靠电气连接。保护线PE必须采用绿/黄双色线,严格与相线、工作零线相区别,不得混用。

(5)电气设备的设置、安装、防护、使用、维修必须符合《施工现场临时用电安全技术规范》(JGJ 46—2005)(以下简称《规范》)的要求。

(6)在施工现场专用的中性点直接接地的电力系统中,必须采用 TN－S 接零保护。

(7)电气设备不带电的金属外壳、框架、部件、管道、金属操作台和移动式碘钨灯的金属柱等,均应做保护接零。

(8)定期和不定期对临时用电工程的接地、设备绝缘和漏电保护开关进行检测、维修,发现隐患及时消除,并建立检测维修记录。

(9)建筑工程竣工后,临时用电工程拆除,应按顺序先断电源,后拆除。不得留有隐患。

2. 施工现场三级配电两级保护安全技术要求

(1)三级配电。

配电箱根据其用途和功能的不同,一般可分为三级:即总配电箱、分配电箱及开关箱。

①总配电箱(又称固定式配电箱)。总配电箱用符号“A”表示。总配电箱是控制施工现场全部供电的集中点,应设置在靠近电源地区。电源由施工现场用电变压器低压侧引出的电缆线接入,并装设电流互感器、有功电度表、无功电度表、电流表、电压表及总开关、分开关。总配电箱内的开关均应采用自动空气开关(或漏电保护开关)。引入、引出线应穿管并有防水弯。

②分配电箱(又称移动式配电箱)。分配电箱用符号“B”表示,其中 1、2、3 表示序号。分配电箱是总配电箱的一个分支,控制施工现场某个范围的用电集中点,应设在用电设备负荷相对集中的地区。箱内应设总开关和分开关。总开关应采用自动空气开关,分开关可采用漏电开关或刀闸开关并配备熔断器。

③开关箱。直接控制用电设备。开关箱与所控制的固定式用电设备的水平距离不得大于 3m,与分配电箱的距离不得大于 30m。开关箱内安装漏电开关、熔断器及插座。电源线采用橡

套软电缆线，从分配电箱引出，接入开关箱上闸口。

④配电箱及其内部开关、器件的安装应端正牢固。安装在建筑物或构筑物上的配电箱为固定式配电箱，其箱底距地面的垂直距离应大于1.3m，小于1.5m。移动式配电箱不得置于地面上随意拖拉，应固定在支架上，其箱底与地面的垂直距离应大于0.6m，小于1.5m。

⑤配电箱内的开关、电器，应安装在金属或非木质的绝缘电器安装板上，然后整体紧固在配电箱体内，金属箱体、金属电器安装板以及箱内电器不带电的金属底座，外壳等，必须做保护接零。保护零线必须通过零线端子板连接。

⑥配电箱和开关箱的进出线口，应设在箱体的下面，并加护套保护。进、出线应分路成束，不得承受外力，并做好防水弯。导线束不得与箱体进、出线口直接接触。

⑦配电箱内的开关及仪表等电器排列整齐，配线绝缘良好，绑扎成束。熔丝及保护装置按设备容量合理选择，三相设备的熔丝大小应一致。三个及以上回路的配电箱应设总开关，分开关应标有回路名称。三相胶盖闸开关只能作为断路开关使用，不得装设熔丝，应另加熔断器。各开关、触点应动作灵活、接触良好。配电箱的操作盘面不得有带电体明露。箱内应整洁，不得放置工具等杂物，箱门应有锁，并用红色油漆喷上警示标语和危险标志，喷写配电箱分类编号。箱内应设有线路图。下班后必须拉闸断电，锁好箱门。

⑧配电箱周围2m内不得堆放杂物。电工应经常巡视检查开关、熔断器的接点处是否过热。各接点是否牢固，配线绝缘有无破损，仪表指示是否正常等。发现隐患立即排除。配电箱应经常清扫除尘。

⑨每台用电设备应有各自专用的开关箱，必须实行“一机一

闸一漏一箱”制，严禁同一个开关电器直接控制两台及两台以上用电设备(含插座)。

(2)两级漏电保护。

总配电箱和开关箱中两级漏电保护器的额定漏电动作电流和额定漏电动作时间应合理配合，使之具有分级、分段保护的功能。

施工现场在总配电箱、分配电箱上安装的漏电保护开关的漏电动作电流应为 50～100mA，以保护该线路；开关箱安装漏电保护开关的漏电动作电流应为 30mA 以下。

漏电保护开关不得随意拆卸和调换零部件，以免改变原有技术参数，并应经常检查试验，发现异常，必须立即查明原因，严禁带病使用。

3. 现场施工照明安全技术要求

(1)施工现场照明应采用高光效、长寿命的照明光源。工作场所不得只装设局部照明，对于需要大面积照明的场所，应采用高压汞灯、高压钠灯或碘钨灯，灯头与易燃物的净距离不小于 0.3m。流动性碘钨灯采用金属支架安装时，支架应稳固，灯具与金属支架之间必须用不小于 0.2m 的绝缘材料隔离。

(2)施工照明灯具露天装设时，应采用防水式灯具，距地面高度不得低于 3m。工作棚、场地的照明灯具，可分路控制，每路照明支线上连接灯数不得超过 10 盏，若超过 10 盏时，每个灯具上应装设熔断器。

(3)室内照明灯具距地面不得低于 2.4m。每路照明支线上灯具和插座数不宜超过 25 个，额定电流不得大于 15A，并用熔断器或自动开关保护。

(4)一般施工场所宜选用额定电压为 220V 的照明灯具，不得使用带开关的灯头，应选用螺口灯头。相线接在与中心触头相连的一端，零线接在与螺纹口相连的一端。灯头的绝缘外壳不得有损伤和漏电，照明灯具的金属外壳必须做保护接零。单项回路的照明开关箱内必须装设漏电保护开关。

(5)现场局部照明用的工作灯，在室内抹灰、水磨石地面等潮湿的作业环境，照明电源电压应不大于36V。在特别潮湿，导电良好的地面、锅炉或金属容器内工作的照明灯具，其电源电压不得大于12V。工作手灯应用胶把和网罩保护。

(6)36V的照明变压器，必须使用双绕组型，二次线圈、铁芯、金属外壳必须有可靠保护接零。一、二次侧应分别装设熔断器，一次线长度不应超过3m。照明变压器必须有防雨、防砸措施。

(7)照明线路不得拴在金属脚手架、龙门架上，严禁在地面上乱拉、乱拖。灯具需要安装在金属脚手架、龙门架上时，线路和灯具必须用绝缘物与其隔离开，且距离工作面高度在3m以上。控制刀闸应配有熔断器和防雨措施。

(8)施工现场的照明灯具应采用分组控制或单灯控制。

4. 现场施工用电线路架设安全技术要求

施工用电线路从结构形式上可分为架空线路和电缆线路两大类型。

(1)架空线路。

①施工现场运电杆时，应由专人指挥。小车搬运，必须绑扎牢固，防止滚动。人抬时，前后要响应，协调一致，电杆不得离地过高，防止一侧受力扭伤。

②人工立电杆时，应有专人指挥。立杆前检查工具是否牢固可靠(如叉木无伤痕，链子合适，溜绳、横绳、逮子绳、钢丝绳无

伤痕)。地锚钎子要牢固可靠,溜绳各方向吃力应均匀。操作时,互相配合,听从指挥,用力均衡;机械立杆,吊车臂下不准站人,上空(吊车起重臂杆回转半径内)所有带电线路必须停电。

③电杆就位移动时,坑内不得有人。电杆立起后,必须先架好叉木,才能撤去吊钩。电杆坑填土夯实后才允许撤掉叉木、溜绳或横绳。

④电杆的梢径不小于 13cm,埋入地下深度为杆长的 1/10 再加上 0.6m。木质杆不得劈裂、腐朽,根部应刷沥青防腐。水泥杆不得有露筋、环向裂纹、扭曲等现象。

a. 登杆组装横担时,活板子开口要合适,不得用力过猛。

b. 登杆脚扣规格应与杆径相适应。使用脚踏板,钩子应向上。使用的机具、护具应完好无损。操作时系好安全带,并拴在安全可靠处,扣环扣牢,严禁将安全带拴在绝缘子或横担上。

c. 杆上作业时,禁止上下投掷料具。料具应放在工具袋内,上下传递料具的小绳应牢固可靠。递完料具后,要离开电杆 3m 以外。

⑤架空线路的干线架设(380/220V)应采用铁横担、绝缘子水平架设,档距不大于 35m,线间距离不小于 0.3m。

a. 架空线路必须采用绝缘导线。架空绝缘铜芯导线截面积不小于 $10mm^2$,架空绝缘铝芯导线截面积不小于 $16mm^2$,在跨越铁路、管道的档距内,铜芯导线截面积不小于 $16mm^2$,铝芯导线截面积不小于 $35mm^2$。导线不得有接头。

b. 架空线路距地面一般不低于 4m,过路线的最下一层不低于 6m。多层排列时,上下层的间距不小于 0.6m。高压线在上方,低压线在中间,广播线、电话线在下方。

c. 干线的架空零线应不小于相线截面的 1/2。导线截面积在 $10mm^2$ 以下时,零线和相线截面积相同。支线零线是指干线到闸箱的零线，应采用与相线大小相同的截面。

d. 架空线路最大弧垂点至地面的最小距离，见表3-1：

表3-1　架空线路最大弧垂点至地面的最小距离　（单位：m）

架空线路地区	线路负荷	
	1kV以下	1～10kV
居民区	6	6.5
交通要道（路口）	6	7
建筑物顶端	2.5	3
特殊管道	1.5	3

⑥架空线路摆动最大时与各种设施的最小距离：外侧边线与建筑物凸出部分的最小距离：1kV以下时为1m，1～10kV时为1.5m。在建工程（含脚手架）的外侧边缘与外电架空线路的边线之间的最小距离：1kV以下时为4m；1～10kV时为6m。

⑦杆上紧线应侧向操作，并将夹紧螺栓拧紧，紧有角度的导线时，操作人员应在外侧作业。紧线时装设的临时脚踏支架应牢固。如用大竹梯，必须用绳将梯子与电杆绑扎牢固。调整拉线时，杆上不得有人。

⑧紧绳用的铅（铁）丝或钢丝绳，应能承受全部拉力，与电线连接必须牢固。紧线时导线下方不得有人。终端紧线时反方向应设置临时拉线。

⑨大雨、大雪及六级以上强风天气，停止登杆作业。

(2)电缆线路。

电缆干线应采用埋地或架空敷设，严禁沿地面明敷设，并应避免机械损伤和介质腐蚀。

①电缆在室外直接埋地敷设时，必须按电缆埋设图敷设，并应砌砖槽防护，埋设深度不得小于0.6m。

②电缆的上下各均匀铺设不小于 5cm 厚的细砂,上盖电缆盖板或红机砖作为电缆的保护层。

③地面上应有埋设电缆的标志,并应有专人负责管理。不得将物料堆放在电缆埋设的上方。

④有接头的电缆不准埋在地下,接头处应露出地面,并配有电缆接线盒(箱)。电缆接线盒(箱)应防雨、防尘、防机械损伤,并远离易燃、易爆、易腐蚀场所。

⑤电缆穿越建筑物、构筑物、道路、易受机械损伤的场所及引出地面从 2m 高度至地下 0.2m 处,必须加设防护套管。

⑥电缆线路与其附近热力管道的平行间距不得小于 2m,交叉间距不得小于1m。

⑦橡套电缆架空敷设时,应沿着墙壁或电杆设置,并用绝缘子固定,严禁使用金属裸线作绑线。电缆间距大于 10m 时,必须采用铅丝或钢丝绳吊绑,以减轻电缆自重,最大弧垂距地面不小于 2.5m。电缆接头处应牢固可靠,做好绝缘包扎,保证绝缘强度,不得承受外力。

⑧在施建筑的临时电缆配电,必须采用电缆埋地引入。电缆垂直敷设时,位置应充分利用竖井、垂直孔洞。其固定点每楼层不得少于一处。水平敷设应沿墙或门口固定,最大弧垂距离地面不得小于 1.8m。

5. 安装电工现场安全操作技术要求

(1)安装高压油开关、自动空气开关等有返回弹簧的开关设备时,应将开关置于断开位置。

(2)搬运配电柜时,应有专人指挥,步调一致。多台配电盘(箱)并列安装时,手指不得放在两盘(箱)的接合部位,不得触摸连接螺孔及螺钉。

(3)露天使用的电气设备,应有良好的防雨性能或有可靠的防雨设施。配电箱必须牢固、完整、严密。使用中的配电箱内禁止放置杂物。

(4)剔槽、打洞时,必须戴防护眼镜,锤子柄不得松动。錾子不得卷边、裂纹。打过墙、楼板透眼时,墙体后面,楼板下面不得有人靠近。

6. 内线安装施工安全操作技术要求

(1)安装照明线路时,不得直接在板条天棚和隔声板上行走或堆放材料;因作业需要行走时,必须在大楞上铺设脚手板;天棚内照明应采用36V低压电源。

(2)在脚手架上作业,脚手板必须满铺,不得有空隙和探头板。使用的料具,应放入工具袋随身携带,不得投掷。

(3)在平台、楼板上用人力弯管器煨弯时,应背向楼心,操作时面部要避开。大管径管子灌沙煨管时,必须将沙子用火烘干后灌入。用机械敲打时,下面不得站人,人工敲打上下要错开,管子加热时,管口前不得有人停留。

(4)管子穿带线时,不得对管口呼唤、吹气,防止带线弹出。二人穿线,应配合协调,一呼一应。高处穿线,不得用力过猛。

(5)钢索吊管敷设,在断钢索及卡固时,应预防钢索头扎伤。绷紧钢索应用力适度,防止花篮螺栓折断。

(6)使用套管机、电砂轮、台钻、手电钻时,应保证绝缘良好,并有可靠的接零接地。漏电保护装置灵敏有效。

7. 外线安装施工安全操作技术要求

(1)作业前应检查工具(铣、镐、锤、钎等)牢固可靠。挖坑时应根据土质和深度,按规定放坡。

(2)杆坑在交通要道或人员经常通过的地方，挖好后的坑应及时覆盖，夜间设红灯示警。底盘运输及下坑时，应防止碰手、砸脚。

(3)现场运杆时，应有专人指挥。小车搬运，必须绑扎牢固，防止滚动。人抬时，前后要响应，协调一致，电杆不得离地过高，防止一侧受力扭伤。

(4)人工立杆时，应有专人指挥。立杆前检查工具是否牢固可靠(如叉木无伤痕，链子合适，溜绳、横绳、逮子绳、钢丝绳无伤痕)。地锚钎子要牢固可靠，溜绳各方向吃力应均匀。操作时，互相配合，听从指挥，用力均衡；机械立杆，吊车臂下不准站人，上空(吊车起重臂杆回转半径内)所有带电线路必须停电。

(5)电杆就位移动时，坑内不得有人。电杆立起后，必须先架好叉木，才能撤去吊钩。电杆坑填土夯实后才允许撤掉叉木、溜绳或横绳。

①登杆组装横担时，活板子开口要合适，不得用力过猛。

②登杆脚扣规格应与杆径相适应。使用脚踏板，钩子应向上。使用的机具、护具应完好无损。操作时系好安全带，并拴在安全可靠处，扣环扣牢，严禁将安全带拴在绝缘子或横担上。

(6)杆上作业时，禁止上下投掷料具。料具应放在工具袋内，上下传递料具的小绳应牢固可靠。递完料具后，要离开电杆3m以外。

(7)杆上紧线侧向操作时，操作人员应在外侧作业。紧线时装设的临时脚踏支架应牢固。如用大竹梯，必须用绳将梯子与电杆绑扎牢固。调整拉线时，杆上不得有人。

(8)紧绳用的铅(铁)丝或钢丝绳，应能承受全部拉力，与电线连接必须牢固。紧线时导线下方不得有人。终端紧线时反方向应设置临时拉线。

(9)架线时在线路的每2～3km处，应设一次临时接地线，送电前必须拆除。大雨、大雪及六级以上强风天气，停止登杆作业。

8. 电缆安装施工安全操作技术要求

(1)架设电缆轴的地面必须平实。支架必须采用有底平面的专用支架，不得用千斤顶等代替。敷设电缆必须按安全技术措施交底内容执行，并设专人指挥。

(2)人力拉引电缆时，力量要均匀，速度应平稳，不得猛拉猛跑。看轴人员不得站在电缆轴前方。敷设电缆时，处于拐角的人员，必须站在电缆弯曲半径的外侧。过管处的人员必须做到：送电缆时手不可离管口太近；迎电缆时，眼及身体严禁直对管口。

(3)竖直敷设电缆，必须有预防电缆失控下溜的安全措施。电缆放完后，应立即固定、卡牢。

(4)人工滚运电缆时，推轴人员不得站在电缆前方，两侧人员所站位置不得超过缆轴中心。电缆上下坡时，应采用在电缆轴中心孔穿铁管，在铁管上拴绳拉放的方法，平稳、缓慢进行。电缆停顿时，将绳拉紧，及时"打掩"制动。人力滚动电缆，路面坡度不宜超过15°。

(5)汽车运输电缆时，电缆应尽量放在车头前方(跟车人员必须站在电缆后面)，并用钢丝绳固定。

(6)在已送电运行的变电室沟内进行电缆敷设时，电缆所进入的开关柜必须停电，并应采用绝缘隔板等措施。在开关柜旁操作时，安全距离不得小于1m(10kV以下开关柜)。电缆敷设完如剩余较长，必须捆扎固定或采取措施，严禁电缆与带电体接触。

(7)挖电缆沟时，应根据土质和深度情况按规定放坡。在交通道路附近或较繁华地区施工电缆沟时，应设置栏杆和标志牌，夜间设红色标志灯。

(8)在隧道内敷设电缆时，临时照明的电压不得大于 36V。施工前应将地面进行清理，积水排净。

9. 电气调试安全操作技术要求

(1)进行耐压试验装置的金属外壳，必须接地，被调试设备或电缆两端如不在同一地点，另一端应有专人看守或加锁，并悬挂警示牌。待仪表、接地检查无误，人员撤离后方可升压。

(2)电气设备或材料作非冲击性试验，升压或降压，均应缓慢进行。因故暂停或试验结束，应先切断电源，安全放电。并将升压设备高压侧短路接地。

(3)电力传动装置系统及高低压各型开关调试时，应将有关的开关手柄取下或锁上，悬挂标志牌，严禁合闸。

(4)用绝缘电阻表测定绝缘电阻，严禁有人触及正在测定中的线路或设备，测定容性或感性设备材料后，必须放电，遇到雷电天气，停止摇测线路绝缘。

(5)电流互感器禁止开路，电压互感器禁止短路和以升压方式进行。电气材料或设备需放电时，应穿戴绝缘防护用品，用绝缘棒安全放电。

二、现场施工安全操作基本规定

1. 杜绝“三违”现象

员工遵章守纪，是实现安全生产的基础。员工在生产过程中，不仅要有熟练的技术，而且必须自觉遵守各项操作规程和劳动纪律，远离“三违”，即违章指挥、违章操作、违反劳动纪律。

(1)违章指挥。企业负责人和有关管理人员法制观念淡薄，缺乏安全知识，思想上存有侥幸心理，对国家、集体的财产和人民群众的生命安全不负责任。明知不符合安全生产有关条件，仍指挥作业人员冒险作业。

(2)违章作业。作业人员没有安全生产常识，不懂安全生产规章制度和操作规程，或者在知道基本安全知识的情况下，在作业过程中，违反安全生产规章制度和操作规程，不顾国家、集体的财产和他人、自己的生命安全，擅自作业，冒险蛮干。

(3)违反劳动纪律。上班时不知道劳动纪律，或者不遵守劳动纪律，违反劳动纪律进行冒险作业，造成不安全因素。

2. 牢记“三宝”和“四口、五临边”

(1)“三宝”指安全帽、安全带、安全网。安全帽、安全带、安全网是工人的三件宝，只有正确佩戴和使用，才可以保证个人安全。

(2)“四口”指楼梯口、电梯井口、预留洞口、通道口。“五临边”是指尚未安装栏杆的阳台周边、无外架防护的层面周边、框架工程楼层周边、上下跑道及斜道的两侧边、卸料平台的侧边。

“四口、五临边”是施工现场最危险和最容易发生事故的地方，因此对施工现场重要危险部位进行正确的防护，可以有效地减少事故发生，为工人作业提供一个安全的环境。

3. 做到“三不伤害”

“三不伤害”是指不伤害自己、不伤害他人、不被他人伤害。

施工现场每一个操作人员和管理人员都要增强自我保护意识，同时也要对安全生产自觉负起监督的责任，才能达到全员安全的目的。

施工时经常有上下层或者不同工种、不同队伍互相交叉作业的情况，要避免这时候发生危险。相互间协调好，上层作业时，要对作业区域围蔽，有人值守，防止人员进入作业区下方。此外落物伤人，也是工地经常发生的事故之一，进入施工现场，一定要戴好安全帽。作业过程中，观察周围，不伤害他人，也不被他人伤害，这是工地安全的基本原则。自己不违章，只能保证不伤害自己，不伤害别人。要做到不被别人伤害，就要及时制止他人违章。制止他人违章既保护了自己，也保护了他人。

4. 加强“三懂三会”能力

“三懂三会”即懂得本岗位和部门有什么火灾危险性，懂得灭火知识，懂得预防措施；会报火警，会使用灭火器材，会处理初起火灾。

5. 掌握“十项安全技术措施”

(1)按规定使用安全“三宝”。

(2)机械设备防护装置一定要齐全有效。

(3)塔吊等起重设备必须有限位保险装置，不准带病运转，不准超负荷作业，不准在运转中维修保养。

(4)架设电线线路必须符合当地电业局的规定，电气设备必须全部接零接地。

(5)电动机械和手持电动工具要设置漏电保护器。

(6)脚手架材料及脚手架的搭设必须符合规程要求。

(7)各种缆风绳及其设置必须符合规程要求。

(8)在建工程的楼梯口、电梯口、预留洞口、通道口，必须有防护设施。

(9)严禁赤脚或穿高跟鞋、拖鞋进入施工现场,高空作业不准穿硬底和带钉易滑的鞋靴。

(10)施工现场的悬崖、陡坎等危险地区应设警戒标志,夜间要设红灯示警。

6. 施工现场行走或上下的“十不准”

(1)不准从正在起吊、运吊中的物件下通过。

(2)不准从高处往下跳或奔跑作业。

(3)不准在没有防护的外墙和外壁板等建筑物上行走。

(4)不准站在小推车等不稳定的物体上操作。

(5)不得攀登起重臂、绳索、脚手架、井字架、龙门架和随同运料的吊盘及吊装物上下。

(6)不准进入挂有“禁止出入”或设有危险警示标志的区域、场所。

(7)不准在重要的运输通道或上下行走通道上逗留。

(8)未经允许不准私自进入非本单位作业区域或管理区域,尤其是存有易燃、易爆物品的场所。

(9)严禁在无照明设施、无足够采光条件的区域、场所内行走、逗留。

(10)不准无关人员进入施工现场。

7. 做到“十不盲目操作”

做到“十不盲目操作”,是防止违章和事故的基本操作要求。

(1)新工人未经三级安全教育,复工换岗人员未经安全岗位教育,不盲目操作。

(2)特殊工种人员、机械操作工未经专门安全培训,无有效安全上岗操作证，不盲目操作。

(3)施工环境和作业对象情况不清，施工前无安全措施或作业安全交底不清，不盲目操作。

(4)新技术、新工艺、新设备、新材料、新岗位无安全措施，未进行安全培训教育、交底，不盲目操作。

(5)安全帽和作业所必需的个人防护用品不落实，不盲目操作。

(6)脚手、吊篮、塔吊、井字架、龙门架、外用电梯、起重机械、电焊机、钢筋机械、木工平刨、圆盘锯、搅拌机、打桩机等设施设备和现浇混凝土模板支撑、搭设安装后，未经验收合格，不盲目操作。

(7)作业场所安全防护措施不落实，安全隐患不排除，威胁人身和国家财产安全时，不盲目操作。

(8)凡上级或管理干部违章指挥，有冒险作业情况时，不盲目操作。

(9)高处作业、带电作业、禁火区作业、易燃易爆作业、爆破性作业、有中毒或窒息危险的作业和科研实验等其他危险作业的，均应由上级指派，并经安全交底；未经指派批准、未经安全交底和无安全防护措施，不盲目操作。

(10)隐患未排除，有自己伤害自己、自己伤害他人、自己被他人伤害的不安全因素存在时，不盲目操作。

8.“防止坠落和物体打击”的十项安全要求

(1)高处作业人员必须着装整齐，严禁穿硬塑料底等易滑鞋、高跟鞋，工具应随手放入工具袋中。

(2)高处作业人员严禁相互打闹，以免失足发生坠落事故。

(3)在进行攀登作业时，攀登用具结构必须牢固可靠，使用必须正确。

(4)各类手持机具使用前应检查,确保安全牢靠。洞口临边作业应防止物件坠落。

(5)施工人员应从规定的通道上下,不得攀爬脚手架、跨越阳台,不得在非规定通道进行攀登、行走。

(6)进行悬空作业时,应有牢靠的立足点并正确系挂安全带;现场应视具体情况配置防护栏网、栏杆或其他安全设施。

(7)高处作业时,所有物料应该堆放平稳,不可放置在临边或洞口附近,且不可妨碍通行。

(8)高处拆除作业时,对拆卸下的物料、建筑垃圾都要加以清理和及时运走,不得在走道上任意乱置或向下丢弃,保持作业走道畅通。

(9)高处作业时,不准往下或向上乱抛材料和工具等物件。

(10)各施工作业场所内,凡有坠落可能的任何物料,都应先行撤除或加以固定,拆卸作业要在设有禁区、有人监护的条件下进行。

9. 防止机械伤害的“一禁、二必须、三定、四不准”

(1)一禁。不懂电器和机械的人员严禁使用和摆弄机电设备。

(2)二必须。

①机电设备应完好,必须有可靠有效的安全防护装置。

②机电设备停电、停工休息时必须拉闸关机,按要求上锁。

(3)三定。

①机电设备应做到定人操作,定人保养、检查。

②机电设备应做到定机管理、定期保养。

③机电设备应做到定岗位和岗位职责。

(4)四不准。

①机电设备不准带病运转。

②机电设备不准超负荷运转。

③机电设备不准在运转时维修保养。

④机电设备运行时,操作人员不准将头、手、身伸入运转的机械行程范围内。

10."防止车辆伤害"的十项安全要求

(1)未经劳动、公安交通部门培训合格的持证人员,不熟悉车辆性能者不得驾驶车辆。

(2)应坚持做好例保工作,车辆制动器、喇叭、转向系统、灯光等影响安全的部件如作用不良,不准出车。

(3)严禁翻斗车、自卸车的车厢乘人,严禁人货混装,车辆载货应不超载、超高、超宽,捆扎应牢固可靠,应防止车内物体失稳跌落伤人。

(4)乘坐车辆应坐在安全处,头、手、身不得露出车厢外,要避免车辆启动制动时跌倒。

(5)车辆进出施工现场,在场内掉头、倒车,在狭窄场地行驶时应有专人指挥。

(6)现场行车进场要减速,并做到"四慢",即道路情况不明要慢,线路不良要慢,起步、会车、停车要慢,在狭路、桥梁弯路、坡路、叉道、行人拥挤地点及出入大门时要慢。

(7)临近机动车道的作业区和脚手架等设施以及道路中的路障,应加设安全色标、安全标志和防护措施,并要确保夜间有充足的照明。

(8)装卸车作业时,若车辆停在坡道上,应在车轮两侧用楔形木块加以固定。

(9)人员在场内机动车道应避免右侧行走,并做到不平排结队有碍交通;避让车辆时,应不避让于两车交会之中,不站于旁有堆物无法退让的死角。

(10)机动车辆不得牵引无制动装置的车辆,牵引物体时物体上不得有人,人不得进入正在牵引的物与车之间,坡道上牵引时,车和被牵引物下方不得有人作业和停留。

11."防止触电伤害"的十项安全操作要求

根据安全用电"装得安全、拆得彻底、用得正确、修得及时"的基本要求,为防止触电伤害的操作要求有:

(1)非电工严禁拆接电气线路、插头、插座、电气设备、电灯等。

(2)使用电气设备前必须检查线路、插头、插座、漏电保护装置是否完好。

(3)电气线路或机具发生故障时,应找电工处理,非电工不得自行修理或排除故障。

(4)使用振捣器等手持电动机械和其他电动机械从事湿作业时,要由电工接好电源,安装上漏电保护器,操作者必须穿戴好绝缘鞋、绝缘手套后再进行作业。

(5)搬迁或移动电气设备必须先切断电源。

(6)搬运钢筋、钢管及其他金属物时,严禁触碰到电线。

(7)禁止在电线上挂晒物料。

(8)禁止使用照明器烘烤、取暖,禁止擅自使用电炉和其他电加热器。

(9)在架空输电线路附近工作时,应停止输电,不能停电时,应有隔离措施,要保持安全距离,防止触碰。

(10)电线必须架空,不得在地面、施工楼面随意乱拖,若必须通过地面、楼面时，应有过路保护，物料、车、人不准压踏碾磨电线。

12. 施工现场防火安全规定

(1)施工现场要有明显的防火宣传标志。

(2)施工现场必须设置临时消防车道。其宽度不得小于3.5m，并保证临时消防车道的畅通，禁止在临时消防车道上堆物、堆料或挤占临时消防车道。

(3)施工现场必须配备消防器材，做到布局合理。要害部位应配备不少于4具的灭火器，要有明显的防火标志，并经常检查、维护、保养，保证灭火器材灵敏有效。

(4)施工现场消火栓应布局合理，消防干管直径不小于100mm，消火栓处昼夜要设有明显标志，配备足够的水龙带，周围3m内不准存放物品。地下消火栓必须符合防火规范。

(5)高度超过24m的建筑工程，应安装临时消防竖管。管径不得小于75mm，每层设消火栓口，配备足够的水龙带。消防水要保证足够的水源和水压，严禁消防竖管作为施工用水管线。消防泵房应使用非燃材料建造，位置设置合理，便于操作，并设专人管理，保证消防供水。消防泵的专用配电线路应引自施工现场总断路器的上端，要保证连续不间断供电。

(6)电焊工、气焊工从事电气设备安装的电焊、气焊切割作业，要有操作证和用火证。用火前，要对易燃、可燃物采取清除、隔离等措施，配备看火人员和灭火器具，作业后必须确认无火源隐患后方可离去。用火证当日有效。用火地点变换，要重新办理用火证手续。

(7)氧气瓶、乙炔瓶工作间距不小于5m，两瓶与明火作业距离不小于10m。建筑工程内禁止氧气瓶、乙炔瓶存放，禁止使用液化石油气“钢瓶”。

(8)施工现场使用的电气设备必须符合防火要求。临时用电必须安装过载保护装置,电闸箱内不准使用易燃、可燃材料。严禁超负荷使用电气设备。

(9)施工材料的存放、使用应符合防火要求。库房应采用非燃材料支搭,易燃易爆物品应专库储存,分类单独存放,保持通风,用电符合防火规定。不准在工程内、库房内调配油漆、烯料。

(10)工程内部不准作为仓库使用,不准存放易燃、可燃材料,因施工需要进入工程内部的可燃材料,要根据工程计划限量进入并采取可靠的防火措施。废弃材料应及时消除。

(11)施工现场使用的安全网、密目式安全网、密目式防尘网、保温材料,必须符合消防安全规定,不得使用易燃、可燃材料。

(12)施工现场严禁吸烟,不得在建筑工程内部设置宿舍。

(13)施工现场和生活区,未经有关部门批准不得使用电热器具。严禁工程中明火保温施工及宿舍内明火取暖。

(14)从事油漆粉刷或防水等有毒及易燃危险作业时,要有具体的防火要求,必要时派专人看护。

(15)生活区的设置必须符合消防管理规定。严禁使用可燃材料搭设,宿舍内不得卧床吸烟,房间内住20人以上必须设置不少于2处的安全门,居住100人以上,要有消防安全通道及人员疏散预案。

(16)生活区的用电要符合防火规定。食堂使用的燃料必须符合使用规定,用火点和燃料不能在同一房间内,使用时要有专人管理,停火时将总开关关闭,经常检查有无泄漏。

三、高处作业安全知识

1. 高处作业的一般施工安全规定和技术措施

按照《高处作业分级》(GB/T 3608—2008)规定:凡在坠落高度基准面 2m 以上(含 2m)的可能坠落的高处所进行的作业,都称为高处作业。

在施工现场高处作业中,如果未防护、防护不好或作业不当都可能发生人或物的坠落。人从高处坠落的事故,称为高处坠落事故。物体从高处坠落砸着下面人的事故,称为物体打击事故。建筑施工中的高处作业主要包括临边、洞口、攀登、悬空、交叉作业等类型,这些是高处作业伤亡事故可能发生的主要地点。

高处作业时的安全措施有设置防护栏杆,孔洞加盖,安装安全防护门,满挂安全平立网,必要时设置安全防护棚等。

(1)施工前,应逐级进行安全技术教育及交底,落实所有安全技术措施和个人防护用品,未经落实时不得进行施工。

(2)高处作业中的安全标志、工具、仪表、电气设施和各种设备,必须在施工前加以检查,确认其完好,方能投入使用。

(3)悬空、攀登高处作业以及搭设高处安全设施的人员必须按照国家有关规定,经过专门的安全作业培训,并取得特种作业操作资格证书后,方可上岗作业。

(4)从事高处作业的人员必须定期进行身体检查,诊断患有心脏病、贫血、高血压、癫痫病、恐高症及其他不适宜高处作业的疾病时,不得从事高处作业。

(5)高处作业人员应头戴安全帽,身穿紧口工作服,脚穿防滑鞋,腰系安全带。

(6)高处作业场所有坠落可能的物体,应一律先行撤除或予以固定。所用物件均应堆放平稳，不妨碍通行和装卸。工具应随手放入工具袋，拆卸下的物件及余料和废料均应及时清理运走，清理时应采用传递或系绳提溜方式，禁止抛掷。

(7)遇有六级以上强风、浓雾和大雨等恶劣天气，不得进行露天悬空与攀登高处作业。台风暴雨后，应对高处作业安全设施逐一检查，发现有松动、变形、损坏或脱落、漏雨、漏电等现象，应立即修理完善或重新设置。

(8)所有安全防护设施和安全标志等，任何人都不得损坏或擅自移动和拆除。因作业必须临时拆除或变动安全防护设施、安全标志时，必须经有关施工负责人同意，并采取相应的可靠措施，作业完毕后立即恢复。

(9)施工中对高处作业的安全技术设施发现有缺陷和隐患时，必须立即报告，及时解决。危及人身安全时，必须立即停止作业。

2. 高处作业的基本安全技术措施

(1)凡是临边作业，都要在临边处设置防护栏杆，一般上杆离地面高度为1.0～1.2m，下杆离地面高度为0.5～0.6m；防护栏杆必须自上而下用安全网封闭，或在栏杆下边设置严密固定的高度不低于18cm的挡脚板或40cm的挡脚竹笆。

(2)对于洞口作业，可根据具体情况采取设防护栏杆、加盖板、张挂安全网与装栅门等措施。

(3)进行攀登作业时，作业人员要从规定的通道上下，不能在阳台之间等非规定通道进行攀登，也不得任意利用吊车车臂架等施工设备进行攀登。

(4)进行悬空作业时，要设有牢靠的作业立足处，并视具体情况设防护栏杆，搭设架手架、操作平台，使用马凳，张挂安全网或其他安全措施；作业所用索具、脚手板、吊篮、吊笼、平台等设备，均需经技术鉴定方能使用。

(5)进行交叉作业时，注意不得在上下同一垂直方向上操作，下层作业的位置必须处于依上层高度确定的可能坠落范围之外。不符合以上条件时，必须设置安全防护层。

(6)结构施工自二层起，凡人员进出的通道口(包括井架、施工电梯的进出口)，均应搭设安全防护棚。高度超过 24m 时，防护棚应设双层。

(7)建筑施工进行高处作业之前，应进行安全防护设施的检查和验收。验收合格后，方可进行高处作业。

3. 高处作业安全防护用品使用常识

由于建筑行业的特殊性，高处作业中发生高处坠落、物体打击事故的比例最大。要避免伤亡事故，作业人员必须正确佩戴安全帽，调好帽箍，系好帽带；正确使用安全带，高挂低用；按规定架设安全网。

(1)安全帽。对人体头部受外力伤害(如物体打击)起防护作用的帽子。使用时要注意：

①选用经有关部门检验合格，其上有“安鉴”标志的安全帽。

②使用安全帽前先检查外壳是否破损，有无合格帽衬，帽带是否齐全，如果不符合要求则立即更换。

③调整好帽箍、帽衬(4～5cm)，系好帽带。

(2)安全带。高处作业人员预防坠落伤亡的防护用品。使用时要注意：

①选用经有关部门检验合格的安全带，并保证在使用有效期内。

②安全带严禁打结、续接。

③使用中，要可靠地挂在牢固的地方，高挂低用，且要防止摆动，避免明火和刺割。

④2m 以上的悬空作业，必须使用安全带。

⑤在无法直接挂设安全带的地方，应设置挂安全带的安全拉绳、安全栏杆等。

(3)安全网。用来防止人、物坠落或用来避免、减轻坠落及物体打击伤害的网具。使用时要注意：

①要选用有合格证的安全网；在使用时，必须按规定到有关部门检测、检验合格，方可使用。

②安全网若有破损、老化，应及时更换。

③安全网与架体连接不宜绷得太紧，系结点要沿边分布均匀、绑牢。

④立网不得作为平网使用。

⑤立网必须选用密目式安全网。

四、脚手架作业安全技术常识

1. 脚手架的作用及常用架型

脚手架的搭设、拆除作业属悬空、攀登高处作业，其作业人员必须按照国家有关规定经过专门的安全作业培训，并取得特种作业操作资格证书后，方可上岗作业。其他无资格证书的作业人员只能做一些辅助工作，严禁悬空、登高作业。

脚手架的主要作用是在高处作业时供堆料、短距离水平运输及作业人员在上面进行施工作业。高处作业的五种基本类型的安全隐患在脚手架上作业中都会发生。

脚手架应满足以下基本要求：

(1)要有足够的牢固性和稳定性，保证施工期间在所规定的荷载和气候条件下，不产生变形、倾斜和摇晃。

(2)要有足够的使用面积，满足堆料、运输、操作和行走的要求。

(3)构造要简单，搭设、拆除和搬运要方便。

常用脚手架有扣件式钢管脚手架、门型钢管脚手架、碗扣式钢管架等。此外还有附着升降脚手架、吊篮式脚手架、挂式脚手架等。

2. 脚手架作业一般安全技术常识

(1)每项脚手架工程都要有经批准的施工方案并严格按照此方案搭设和拆除，作业前必须组织全体作业人员熟悉施工和作业要求，进行安全技术交底。班组长要带领作业人员对施工作业环境及所需工具、安全防护设施等进行检查，消除隐患后方可作业。

(2)脚手架要结合工程进度搭设，结构施工时脚手架要始终高出作业面一步架，但不宜一次搭得过高。未完成的脚手架，作业人员离开作业岗位(休息或下班)时，不得留有未固定的构件，并应保证架子稳定。

脚手架要经验收签字后方可使用。分段搭设时应分段验收。在使用过程中要定期检查，较长时间停用、台风或暴雨过后使用前要进行检查加固。

(3)落地式脚手架基础必须坚实，若是回填土，必须平整夯实，并做好排水措施，以防止地基沉陷引起架子沉降、变形、倒塌。当基础不能满足要求时，可采取挑、吊、撑等技术措施，将荷载分段卸到建筑物上。

(4)设计搭设高度较小(15m 以下)时，可采用抛撑；当设计高度较大时，采用既抗拉又抗压的连墙点(根据规范用柔性或刚性连墙点）。

(5)施工作业层的脚手板要满铺、牢固，离墙间隙不大于15cm，并不得出现探头板；在架子外侧四周设1.2m高的防护栏杆及18cm的挡脚板，且在作业层下装设安全平网；架体外排立杆内侧挂设密目式安全立网。

(6)脚手架出入口须设置规范的通道口防护棚；外侧临街或高层建筑脚手架，其外侧应设置双层安全防护棚。

(7)架子使用中，通常架上的均布荷载，不应超过规范规定。人员、材料不要太集中。

(8)在防雷保护范围之外，应按规定安装防雷保护装置。

(9)脚手架拆除时，应设警戒区和醒目标志，有专人负责警戒；架体上的材料、杂物等应消除干净；架体若有松动或危险的部位，应予以先行加固，再进行拆除。

(10)拆除顺序应遵循“自上而下，后装的构件先拆，先装的后拆，一步一清”的原则，依次进行。不得上下同时拆除作业，严禁用踏步式、分段、分立面拆除法。

(11)拆下来的杆件、脚手板、安全网等应用运输设备运至地面，严禁从高处向下抛掷。

五、施工现场临时用电安全知识

1.现场临时用电安全基本原则

(1)建筑施工现场的电工、电焊工属于特种作业工种，必须按国家有关规定经专门安全作业培训，取得特种作业操作资格证书，方可上岗作业。其他人员不得从事电气设备及电气线路的安装、维修和拆除。

(2)建筑施工现场必须采用TN-S接零保护系统，即具有专用保护零线(PE线)、电源中性点直接接地的220/380V三相五线制系统。

(3)建筑施工现场必须按“三级配电二级保护”设置。

(4)施工现场的用电设备必须实行“一机、一闸、一漏、一箱”制,即每台用电设备必须有自己专用的开关箱,专用开关箱内必须设置独立的隔离开关和漏电保护器。

(5)严禁在高压线下方搭设临建、堆放材料和进行施工作业;在高压线一侧作业时,必须保持至少6m的水平距离,达不到上述距离时,必须采取隔离防护措施。

(6)在宿舍工棚、仓库、办公室内,严禁使用电饭煲、电水壶、电炉、电热杯等较大功率电器。如需使用,应由项目部安排专业电工在指定地点安装,可使用较高功率电器的电气线路和控制器。严禁使用不符合安全要求的电炉、电热棒等。

(7)严禁在宿舍内乱拉、乱接电源,非专职电工不准乱接或更换熔丝,不准以其他金属丝代替熔丝(保险丝)。

(8)严禁在电线上晾衣服和挂其他东西等。

(9)搬运较长的金属物体,如钢筋、钢管等材料时,应注意不要碰触到电线。

(10)在临近输电线路的建筑物上作业时,不能随便往下扔金属类杂物;更不能触摸、拉动电线或与电线接触的钢丝和电杆的拉线。

(11)移动金属梯子和操作平台时,要观察高处输电线路与移动物体的距离,确认有足够的安全距离,再进行作业。

(12)在地面或楼面上运送材料时,不要踏在电线上;停放手推车,堆放钢模板、跳板、钢筋时,不要压在电线上。

(13)移动有电源线的机械设备,如电焊机、水泵、小型木工机械等,必须先切断电源,不能带电搬动。

(14)当发现电线坠地或设备漏电时,切不可随意跑动和触摸金属物体,并应保持10m以上距离。

2. 安全电压

安全电压是为防止触电事故而采用的50V以下特定电源供电的电压系列,分为42V、36V、24V、12V和6V五个等级,根据不同的作业条件,选用不同的安全电压等级。建筑施工现场常用的安全电压有12V、24V、36V。

以下特殊场所必须采用安全电压照明供电:

(1)室内灯具离地面低于2.4m、手持照明灯具、一般潮湿作业场所(地下室、潮湿室内、潮湿楼梯、隧道、人防工程以及有高温、导电灰尘等)的照明,电源电压应不大于36V。

(2)潮湿和易触及带电体场所的照明电源电压,应不大于24V。

(3)在特别潮湿的场所、锅炉或金属容器内、导电良好的地面使用手持照明灯具等,照明电源电压不得大于12V。

3. 电线的相色

(1)正确识别电线的相色。

电源线路可分为工作相线(火线)、专用工作零线和专用保护零线。一般情况下,工作相线(火线)带电危险,专用工作零线和专用保护零线不带电(但在不正常情况下,工作零线也可以带电)。

(2)相色规定。

一般相线(火线)分为A、B、C三相,分别为黄色、绿色、红色;工作零线为黑色;专用保护零线为黄绿双色线。

严禁用黄绿双色、黑色、蓝色线充当相线,也严禁用黄色、绿色、红色线作为工作零线和保护零线。

4. 插座的使用

要正确使用与安装插座。

(1)插座分类。

常用的插座分为单相双孔、单相三孔和三相三孔、三相四孔等。

(2)选用与安装接线。

①三孔插座应选用"品字形"结构,不应选用等边三角形排列的结构,因为后者容易发生三孔互换,造成触电事故。

②插座在电箱中安装时,必须首先固定安装在安装板上,接地极与箱体一起作可靠的PE保护。

③三孔或四孔插座的接地孔(较粗的一个孔),必须置于顶部位置,不可倒置,两孔插座应水平并列安装,不准垂直并列安装。

④插座接线要求:对于两孔插座,左孔接零线,右孔接相线;对于三孔插座,左孔接零线,右孔接相线,上孔接保护零线;对于四孔插座,上孔接保护零线,其他三孔分别接A、B、C三根相线。

5. "用电示警"标志

正确识别"用电示警"标志或标牌,不得随意靠近、随意损坏和挪动标牌(表3-2)。进入施工现场的每个人都必须认真遵守用电管理规定,见到用电示警标志或标牌时,不得随意靠近,更不准随意损坏、挪动标牌。

表3-2 用电示警标志分类和使用

分类＼使用	颜色	使用场所
常用电力标志	红色	配电房、发电机房、变压器等重要场所
高压示警标志	字体为黑色，箭头和边框为红色	需高压示警场所
配电房示警标志	字体为红色，边框为黑色（或字与边框交换颜色）	配电房或发电机房
维护检修示警标志	底为红色，字为白色（或字为红色，底为白色，边框为黑色）	维护检修时相关场所
其他用电示警标志	箭头为红色，边框为黑色，字为红色或黑色	其他一般用电场所

6. 电气线路的安全技术措施

(1)施工现场电气线路全部采用“三相五线制”(TN-S系统)专用保护接零(PE线)系统供电。

(2)施工现场架空线采用绝缘铜线。

(3)架空线设在专用电杆上，严禁架设在树木、脚手架上。

(4)导线与地面保持足够的安全距离。

导线与地面最小垂直距离：施工现场应不小于4m；机动车道应不小于6m；铁路轨道应不小于7.5m。

(5)无法保证规定的电气安全距离时，必须采取防护措施。

如果由于在建工程位置限制而无法保证规定的电气安全距离，必须采取设置防护性遮拦、栅栏，悬挂警告标志牌等防护措施，发生高压线断线落地时，非检修人员要远离落地处10m以外，以防跨步电压危害。

(6)为了防止设备外壳带电发生触电事故，设备应采用保护接零，并安装漏电保护器等措施。作业人员要经常检查保护零线连接是否牢固可靠，漏电保护器是否有效。

(7)在电箱等用电危险地方，挂设安全警示牌。如“有电危险”“禁止合闸，有人工作”等。

7. 照明用电的安全技术措施

施工现场临时照明用电的安全要求如下：

(1)临时照明线路必须使用绝缘导线。户内(工棚)临时线路的导线必须安装在离地 2m 以上的支架上；户外临时线路必须安装在离地 2.5m 以上的支架上，零星照明线不允许使用花线，一般应使用软电缆线。

(2)建设工程的照明灯具宜采用拉线开关。拉线开关距地面高度为 2～3m，与出口、入口的水平距离为 0.15～0.2m。

(3)严禁在床头设立开关和插座。

(4)电器、灯具的相线必须经过开关控制。

不得将相线直接引入灯具，也不允许以电气插头代替开关来分合电路，室外灯具距地面不得低于 3m；室内灯具不得低于 2.4m。

(5)使用手持照明灯具(行灯)应符合一定的要求：

①电源电压不超过 36V。

②灯体与手柄应坚固，绝缘良好，并耐热防潮湿。

③灯头与灯体结合牢固。

④灯泡外部要有金属保护网。

⑤金属网、反光罩、悬吊挂钩应固定在灯具的绝缘部位上。

(6)照明系统中每一单相回路上，灯具和插座数量不宜超过

25 个，并应装设熔断电流为 15A 以下的熔断保护器。

8. 配电箱与开关箱的安全技术措施

施工现场临时用电一般采用三级配电方式，即总配电箱（或配电室），下设分配电箱，再以下设开关箱，开关箱以下就是用电设备。

配电箱和开关箱的使用安全要求如下：

(1)配电箱、开关箱的箱体材料，一般应选用钢板，亦可选用绝缘板，但不宜选用木质材料。

(2)配电箱、开关箱应安装端正、牢固，不得倒置、歪斜。

固定式配电箱、开关箱的下底与地面垂直距离应大于或等于 1.3m 且小于或等于 1.5m；移动式配电箱、开关箱的下底与地面的垂直距离应大于或等于 0.6m 且小于或等于 1.5m。

(3)进入开关箱的电源线，严禁用插销连接。

(4)电箱之间的距离不宜太远。

配电箱与开关箱的距离不得超过 30m。开关箱与固定式用电设备的水平距离不宜超过 3m。

(5)每台用电设备应有各自专用的开关箱，且必须满足“一机、一闸、一漏、一箱”的要求，严禁用同一个开关电器直接控制两台及两台以上用电设备(含插座)。

开关箱中必须设漏电保护器，其额定漏电动作电流应不大于 30mA，漏电动作时间应不大于 0.1s。

(6)所有配电箱门应配锁，不得在配电箱和开关箱内挂接或插接其他临时用电设备，开关箱内严禁放置杂物。

(7)配电箱、开关箱的接线应由电工操作，非电工人员不得乱接。

9. 配电箱和开关箱的使用要求

(1)在停电、送电时，配电箱、开关箱之间应遵守合理的操作顺序。

送电操作顺序：总配电箱→分配电箱→开关箱。

断电操作顺序：开关箱→分配电箱→总配电箱。

正常情况下，停电时首先分断自动开关，然后分断隔离开关；送电时先合隔离开关，后合自动开关。

(2)使用配电箱、开关箱时，操作者应接受岗前培训，熟悉所使用设备的电气性能和掌握有关开关的正确操作方法。

(3)及时检查、维修，更换熔断器的熔丝必须用原规格的熔丝，严禁用铜线、铁线代替。

(4)配电箱的工作环境应经常保持设置时的要求，不得在其周围堆放任何杂物，保持必要的操作空间和通道。

(5)维修机器停电作业时，要与电源负责人联系停电，要悬挂警示标志，卸下保险丝，锁上开关箱。

10. 手持电动机具的安全使用要求

(1)一般场所应选用Ⅰ类手持式电动工具，并应装设额定漏电动作电流不大于15mA、额定漏电动作时间小于0.1s的漏电保护器。

(2)在露天、潮湿场所或金属构架上操作时，必须选用Ⅱ类手持式电动工具，并装设漏电保护器，严禁使用Ⅰ类手持式电动工具。

(3)负荷线必须采用耐用的橡皮护套铜芯软电缆。

单相用三芯(其中一芯为保护零线)电缆；三相用四芯(其中一芯为保护零线)电缆；电缆不得有破损或老化现象，中间不得有接头。

(4)手持电动工具应配备装有专用的电源开关和漏电保护器的开关箱,严禁一台开关接两台以上设备,其电源开关应采用双刀控制。

(5)手持电动工具开关箱内应采用插座连接,其插头、插座应无损坏、无裂纹,且绝缘良好。

(6)使用手持电动工具前,必须检查外壳、手柄、负荷线、插头等是否完好无损,接线是否正确(防止相线与零线错接);发现工具外壳、手柄破裂,应立即停止使用并进行更换。

(7)非专职人员不得擅自拆卸和修理工具。

(8)作业人员使用手持电动工具时,应穿绝缘鞋,戴绝缘手套,操作时握其手柄,不得利用电缆提拉。

(9)长期搁置不用或受潮的工具在使用前应由电工测量绝缘阻值是否符合要求。

11. 触电事故及原因分析

(1)缺乏电气安全知识,自我保护意识淡薄。

电气设施安装或接线不是由专业电工操作,而是由非专业人员安装。安装人又无基本的电气安全知识,装设不符合电气基本要求,造成意外的触电事故。发生这种触电事故的原因都是缺乏电气安全知识,无自我保护意识。

(2)违反安全操作规程。

施工现场中,有人图方便,不用插头,在电箱乱拉乱接电线。还有人在宿舍私自拉接电线照明,在床上接音响设备、电风扇,有的甚至烧水、做饭等,极易造成触电事故。也有人凭经验用手去试探电器是否带电或不采取安全措施带电作业,或带着侥幸心理,在带电体(如高压线)周围,不采取任何安全措施,违章作业，造成触电事故等。

(3)不使用“TN-S”接零保护系统。

有的工地未使用“TN-S”接零保护系统，或者未按要求连接专用保护接零线，无有效地安全保护系统。不按“三级配电二级保护”“一机、一闸、一漏、一箱”设置，造成工地用电使用混乱，易造成误操作，并且在触电时，使得安全保护系统未起可靠的安全保护效果。

(4)电气设备安装不合格。

电气设备安装必须遵守安全技术规定，否则由于安装错误，当人身接触带电部分时，就会造成触电事故。如电线高度不符合安全要求，太低，架空线乱拉、乱扯，有的还将电线拴在脚手架上，导线的接头只用老化的绝缘布包上，以及电气设备没有做保护接地、保护接零等，一旦漏电就会发生严重触电事故。

(5)电气设备缺乏正常检修和维护。

由于电气设备长期使用，易出现电气绝缘老化、导线裸露、胶盖刀闸胶木破损、插座盖子损坏等。如不及时检修，一旦漏电，将造成严重后果。

(6)偶然因素。

电力线被风刮断，导线接触地面引起跨步电压，当人走近该地区时就会发生触电事故。

六、起重吊装机械安全操作常识

1. 基本要求

塔式起重机、施工电梯、物料提升机等施工起重机械的操作(也称为司机)、指挥、司索等作业人员属特种作业，必须按国家有关规定经专门安全作业培训，取得特种作业操作资格证书，方可上岗作业。

施工起重机械（也称垂直运输设备）必须由有相应的制造（生产）许可证的企业生产，并有出厂合格证。其安装、拆除、加高及附墙施工作业，必须由有相应作业资格的队伍作业，作业人员必须按国家有关规定经专门安全作业培训，取得特种作业操作资格证书，方可上岗作业。其他非专业人员不得上岗作业。安装、拆卸、加高及附墙施工作业前，必须有经审批、审查的施工方案，并进行方案及安全技术交底。

2. 塔式起重机使用安全常识

（1）起重机"十不吊"。

①起重臂和吊起的重物下面有人停留或行走不准吊。

②起重指挥应由技术培训合格的专职人员担任，无指挥或信号不清不准吊。

③钢筋、型钢、管材等细长和多根物件必须捆扎牢靠，多点起吊。单头"千斤"或捆扎不牢靠不准吊。

④多孔板、积灰斗、手推翻斗车不用四点吊或大模板外挂板不用卸甲不准吊。预制钢筋混凝土楼板不准双拼吊。

⑤吊砌块必须使用安全可靠的砌块夹具，吊砖必须使用砖笼，并堆放整齐。木砖、预埋件等零星物件要用盛器堆放稳妥，叠放不齐不准吊。

⑥楼板、大梁等吊物上站人不准吊。

⑦埋入地下的板桩、井点管等以及粘连、附着的物件不准吊。

⑧多机作业，应保证所吊重物距离不小于 3m，在同一轨道上多机作业，无安全措施不准吊。

⑨六级以上强风不准吊。

⑩斜拉重物或超过机械允许荷载不准吊。

(2)塔式起重机吊运作业区域内严禁无关人员入内,起吊物下方不准站人。

(3)司机(操作)、指挥、司索等工种应按有关要求配备,其他人员不得作业。

(4)六级以上强风不准吊运物件。

(5)作业人员必须听从指挥人员的指挥,吊物起吊前作业人员应撤离。

(6)吊物的捆绑要求。

①吊运物件时,应清楚重量,吊运点及绑扎应牢固可靠。

②吊运散件物时,应用铁制合格料斗,料斗上应设有专用的牢固的吊装点;料斗内装物高度不得超过料斗上口边,散粒状的轻浮易撒物盛装高度应低于上口边线 10cm。

③吊运长条状物品(如钢筋、长条状木方等),所吊物件应在物品上选择两个均匀、平衡的吊点,绑扎牢固。

④吊运有棱角、锐边的物品时,钢丝绳绑扎处应做好防护措施。

3. 施工电梯使用安全常识

施工电梯也称外用电梯,也有称为(人、货两用)施工升降机,是施工现场垂直运输人员和材料的主要机械设备。

(1)施工电梯投入使用前,应在首层搭设出入口防护棚,防护棚应符合有关高处作业规范。

(2)电梯在大雨、大雾、六级以上大风以及导轨架、电缆等结冰时,必须停止使用,并将梯笼降到底层,切断电源。暴风雨后,应对电梯各安全装置进行一次检查,确认正常,方可使用。

(3)电梯底笼周围 2.5m 范围,应设置防护栏杆。

(4)电梯各出料口运输平台应平整牢固,还应安装牢固可靠的栏杆和安全门,使用时安全门应保持关闭。

(5)电梯使用应有明确的联络信号,禁止用敲打、呼叫等方式联络。

(6)乘坐电梯时,应先关好安全门,再关好梯笼门,方可启动电梯。

(7)梯笼内乘人或载物时,应使载荷均匀分布,不得偏重;严禁超载运行。

(8)等候电梯时,应站在建筑物内,不得聚集在通道平台上,也不得将头手伸出栏杆和安全门外。

(9)电梯每班首次载重运行时,当梯笼升离地面1～2m时,应停机试验制动器的可靠性;当发现制动效果不良时,应调整或修复后方可投入使用。

(10)操作人员应根据指挥信号操作。作业前应鸣声示意。在电梯未切断总电源开关前,操作人员不得离开操作岗位。

(11)施工电梯发生故障的处理。

①当运行中发现异常情况时,应立即停机并采取有效措施,将梯笼降到底层,排除故障后方可继续运行。

②在运行中发现电梯失控时,应立即按下急停按钮;在未排除故障前,不得打开急停按钮。

③在运行中发现制动器失灵时,可将梯笼开至底层维修;或者让其下滑防坠安全器制动。

④在运行中发现故障时,不要惊慌,电梯的安全装置将提供可靠的保护;应听从专业人员的安排,或等待修复,或听从专业人员的指挥撤离。

(12)作业后,应将梯笼降到底层,各控制开关拨到零位,切断电源,锁好开关箱,闭锁梯笼门和围护门。

(8)构件存放场地应该平整坚实。构件叠放用方木垫平，必须稳固，不准超高（一般不宜超过1.6m）。构件存放除设置垫木外，必要时要设置相应的支撑，提高其稳定性。禁止无关人员在堆放的构件中穿行，防止发生构件倒塌挤人事故。

(9)在露天遇六级以上大风或大雨、大雪、大雾等天气时，应停止起重吊装作业。

(10)起重机作业时，起重臂和吊物下方严禁有人停留、工作或通过。重物吊运时，严禁人从上方通过。严禁用起重机载运人员。

(11)经常使用的起重工具注意事项。

①手动倒链：操作人员应经培训合格后方可上岗作业，吊物时应挂牢后慢慢拉动倒链，不得斜向拽拉。当一人拉不动时，应查明原因，禁止多人一齐猛拉。

②手搬葫芦：操作人员应经培训合格后方可上岗作业，使用前检查自锁夹钳装置的可靠性，当夹紧钢丝绳后，应能往复运动，否则禁止使用。

③千斤顶：操作人员应经培训合格后方可上岗作业，千斤顶置于平整坚实的地面上，并垫木板或钢板，防止地面沉陷。顶部与光滑物接触面应垫硬木，防止滑动。开始操作应逐渐顶升，注意防止顶歪，始终保持重物的平衡。

七、中小型施工机械安全操作常识

1. 基本安全操作要求

施工机械的使用必须按“定人、定机”制度执行。操作人员必须经培训合格，方可上岗作业，其他人员不得擅自使用。机械使用前，必须对机械设备进行检查，各部位确认完好无损，并空载试运行，符合安全技术要求，方可使用。

施工现场机械设备必须按其控制的要求，配备符合规定的控制设备，严禁使用倒顺开关。在使用机械设备时，必须严格按照安全操作规程，严禁违章作业；发现有故障、有异常响动、温度异常升高时，都必须立即停机，经过专业人员维修，并检验合格后，方可重新投入使用。

操作人员应做到“调整、紧固、润滑、清洁、防腐”十字作业的要求，按有关要求对机械设备进行保养。操作人员在作业时，不得擅自离开工作岗位。下班时，应先将机械停止运行，然后断开电源，锁好电箱，方可离开。

2. 混凝土(砂浆)搅拌机安全操作要求

(1)搅拌机的安装一定要平稳、牢固。长期固定使用时，应埋置地脚螺栓；短期使用时，应在机座上铺设木枕或撑架找平，牢固放置。

(2)料斗提升时，严禁在料斗下工作或穿行。清理料斗坑时，必须先切断电源，锁好电箱，并将料斗双保险钩挂牢或插上保险插销。

(3)运转时，严禁将头或手伸入料斗与机架之间查看，不得用工具或物件伸入搅拌筒内。

(4)运转中严禁保养维修。维修保养搅拌机，必须拉闸断电，锁好电箱，挂好“有人工作，严禁合闸”牌，并有专人监护。

3. 混凝土振动器安全操作要求

常用的混凝土振动器有插入式和平板式。

(1)振动器应安装漏电保护装置，保护接零应牢固可靠。作业时操作人员应穿戴绝缘胶鞋和绝缘手套。

(2)使用前,应检查各部位无损伤,并确认连接牢固,旋转方向正确。

(3)电缆线应满足操作所需的长度。严禁用电缆线拖拉或吊挂振动器。振动器不得在初凝的混凝土、地板、脚手架和干硬的地面上进行试振。在检修或作业间断时,应断开电源。

(4)作业时,振动棒软管的弯曲半径不得小于500mm,并不得多于两个弯,操作时应将振动棒垂直地沉入混凝土,不得用力硬插、斜推或让钢筋夹住棒头,也不得全部插入混凝土中,插入深度不应超过棒长的3/4,不宜触及钢筋、芯管及预埋件。

(5)作业停止需移动振动器时,应先关闭电动机,再切断电源。不得用软管拖拉电动机。

(6)平板式振动器工作时,应使平板与混凝土保持接触,待表面出浆,不再下沉后,即可缓慢移动;运转时,不得搁置在已凝或初凝的混凝土上。

(7)移动平板式振动器应使用干燥绝缘的拉绳,不得用脚踢电动机。

4. 钢筋切断机安全操作要求

(1)机械未达到正常转速时,不得切料。切料时,应使用切刀的中、下部位,紧握钢筋对准刃口迅速投入,操作者应站在固定刀片一侧用力压住钢筋,应防止钢筋末端弹出伤人。严禁用两手在刀片两边握住钢筋俯身送料。

(2)不得剪切直径及强度超过机械铭牌规定的钢筋和烧红的钢筋。一次切断多根钢筋时,其总截面积应在规定范围内。

(3)切断短料时,手和切刀之间的距离应保持在150mm以上,如手握端小于400mm时,应采用套管或夹具将钢筋短头压住或夹牢。

(4)运转中严禁用手直接清除切刀附近的断头和杂物。钢筋摆动周围和切刀周围,不得停留非操作人员。

5. 钢筋弯曲机安全操作要求

(1)应按加工钢筋的直径和弯曲半径的要求,装好相应规格的芯轴和成型轴、挡铁轴。芯轴直径应为钢筋直径的2.5倍。挡铁轴应有轴套,挡铁轴的直径和强度不得小于被弯钢筋的直径和强度。

(2)作业时,应将钢筋需弯曲一端插入转盘固定销的间隙内,另一端紧靠机身固定销,并用手压紧;应检查机身固定销并确认安放在挡住钢筋的一侧,方可开动。

(3)作业中,严禁更换轴芯、销子和变换角度以及调整,也不得进行清扫和加油。

(4)对超过机械铭牌规定直径的钢筋严禁进行弯曲。不直的钢筋不得在弯曲机上弯曲。

(5)在弯曲钢筋的作业半径内和机身不设固定销的一侧严禁站人。

(6)转盘换向时,应待停稳后进行。

(7)作业后,应及时清除转盘及插入座孔内的铁锈、杂物等。

6. 钢筋调直切断机安全操作要求

(1)应按调直钢筋的直径,选用适当的调直块及传动速度。调直块的孔径应比钢筋直径大2～5mm,传动速度应根据钢筋直径选用,直径大的宜选用慢速,经调试合格,方可作业。

(2)在调直块未固定、防护罩未盖好前不得送料。作业中严禁打开各部防护罩并调整间隙。

(3)当钢筋送入后,手与轮应保持一定的距离,不得接近。

(4)送料前应将不直的钢筋端头切除。导向筒前应安装一根1m长的钢管,钢筋应穿过钢管再送入调直机前端的导孔内。

7. 钢筋冷拉安全操作要求

(1)卷扬机的位置应使操作人员能见到全部的冷拉场地,卷扬机与冷拉中线的距离不得少于5m。

(2)冷拉场地应在两端地锚外侧设置警戒区,并应安装防护栏及醒目的警示标志。严禁非作业人员在此停留。操作人员在作业时必须离开钢筋2m以外。

(3)卷扬机操作人员必须看到指挥人员发出的信号,并待所有的人员离开危险区后方可作业。冷拉应缓慢、均匀。当有停车信号或有人进入危险区时,应立即停拉,并稍稍放松卷扬机钢丝绳。

(4)夜间作业的照明设施,应装设在张拉危险区外。当需要装设在场地上空时,其高度应超过5m。灯泡应加防护罩。

8. 圆盘锯安全操作要求

(1)锯片必须平整,锯齿尖锐,不得连续缺齿2个,裂纹长度不得超过20mm。

(2)被锯木料厚度,以锯片能露出木料10～20mm为限。

(3)启动后,必须等待转速正常后,方可进行锯料。

(4)关料时,不得将木料左右晃动或者高抬,遇木节要慢送料。锯料长度不小于500mm。接近端头时,应用推棍送料。

(5)若锯线走偏,应逐渐纠正,不得猛扳。

(6)操作人员不应站在锯片同一直线上操作。手臂不得跨越锯片工作。

9. 蛙式夯实机安全操作要求

(1)夯实作业时,应一人扶夯,一人传递电缆线,且必须戴绝缘手套和穿绝缘鞋。电缆线不得扭结或缠绕,且不得张拉过紧,应保持有3～4m的余量。移动时,应将电缆线移至夯机后方,不得隔机扔电缆线,当转向困难时,应停机调整。

(2)作业时,手握扶手应保持机身平衡,不得用力向后压,并应随时调整行进方向。转弯时不宜用力过猛,不得急转弯。

(3)夯实填高土方时,应在边缘以内100～150mm夯实2～3遍后,再夯实边缘。

(4)在较大基坑作业时,不得在斜坡上夯行,应避免造成夯头后折。

(5)夯实房心土时,夯板应避开房心地下构筑物、钢筋混凝土基桩、机座及地下管道等。

(6)在建筑物内部作业时,夯板或偏心块不得打在墙壁上。

(7)多机作业时,机平列间距不得小于5m,前后间距不得小于10m。

(8)夯机前进方向和夯机四周1m范围内,不得站立非操作人员。

10. 振动冲击夯安全操作要求

(1)内燃冲击夯启动后,内燃机应慢速运转3～5min,然后逐渐加大油门,待夯机跳动稳定后,方可作业。

(2)电动冲击夯在接通电源启动后,应检查电动机旋转方向,有错误时应倒换相联系线。

(3)作业时应正确掌握夯机,不得倾斜,手把不宜握得过紧,能控制夯机前进速度即可。

第4部分　相关法律法规及务工常识

一、相关法律法规(摘录)

1. 中华人民共和国建筑法(摘录)

第三十六条　建筑工程安全生产管理必须坚持安全第一、预防为主的方针,建立健全安全生产的责任制度和群防群治制度。

第四十四条　建筑施工企业必须依法加强对建筑安全生产的管理,执行安全生产责任制度,采取有效措施,防止伤亡和其他安全生产事故的发生。

建筑施工企业的法定代表人对本企业的安全生产负责。

第四十六条　建筑施工企业应当建立健全劳动安全生产教育培训制度,加强对职工安全生产的教育培训;未经安全生产教育培训的人员,不得上岗作业。

第四十七条　建筑施工企业和作业人员在施工过程中,应当遵守有关安全生产的法律、法规和建筑行业安全规章、规程,不得违章指挥或者违章作业。作业人员有权对影响人身健康的作业程序和作业条件提出改进意见,有权获得安全生产所需的防护用品。作业人员对危及生命安全和人身健康的行为有权提出批评、检举和控告。

第四十八条　建筑施工企业应当依法为职工参加工伤保险,缴纳工伤保险费,鼓励企业为从事危险作业的职工办理意外伤害保险，支付保险费。

第五十一条　施工中发生事故时，建筑施工企业应当采取紧急措施减少人员伤亡和事故损失，并按照国家有关规定及时向有关部门报告。

2. 中华人民共和国劳动法（摘录）

第三条　劳动者享有平等就业和选择职业的权利、取得劳动报酬的权利、休息休假的权利、获得劳动安全卫生保护的权利、接受职业技能培训的权利、享受社会保险和福利的权利、提请劳动争议处理的权利以及法律规定的其他劳动权利。劳动者应当完成劳动任务，提高职业技能，执行劳动安全卫生规程，遵守劳动纪律和职业道德。

第十五条　禁止用人单位招用未满十六周岁的未成年人。

第十六条　劳动合同是劳动者与用人单位确立劳动关系、明确双方权利和义务的协议。

建立劳动关系应当订立劳动合同。

第五十四条　用人单位必须为劳动者提供符合国家规定的劳动安全卫生条件和必要的劳动防护用品，对从事有职业危害作业的劳动者应当定期进行健康检查。

第五十五条　从事特种作业的劳动者必须经过专门培训并取得特种作业资格。

第五十六条　劳动者在劳动过程中必须严格遵守安全操作规程。劳动者对用人单位管理人员违章指挥、强令冒险作业，有权拒绝执行；对危害生命安全和身体健康的行为，有权提出批评、检举和控告。

第五十八条　国家对女职工和未成年工实行特殊劳动保护。

未成年工是指年满十六周岁、未满十八周岁的劳动者。

第六十八条　用人单位应当建立职业培训制度，按照国家规定提取和使用职业培训经费，根据本单位实际，有计划地对劳动者进行职业培训。从事技术工种的劳动者，上岗前必须经过培训。

第七十二条　用人单位和劳动者必须依法参加社会保险，缴纳社会保险费。

第七十七条　用人单位与劳动者发生劳动争议，当事人可以依法申请调解、仲裁、提起诉讼，也可协商解决。调解原则适用于仲裁和诉讼程序。

3. 中华人民共和国安全生产法(摘录)

第六条　生产经营单位的从业人员有依法获得安全生产保障的权利，并应当依法履行安全生产方面的义务。

第十七条　生产经营单位应当具备本法和有关法律、行政法规和国家标准或者行业标准规定的安全生产条件；不具备安全生产条件的，不得从事生产经营活动。

第十八条　生产经营单位的主要负责人对本单位安全生产工作负有下列职责：

(一)建立、健全本单位安全生产责任制；

(二)组织制定本单位安全生产规章制度和操作规程；

(三)组织制定并实施本单位安全生产教育和培训计划；

(四)保证本单位安全生产投入的有效实施；

(五)督促、检查本单位的安全生产工作，及时消除生产安全事故隐患；

(六)组织制定并实施本单位的生产安全事故应急救援预案；

（七）及时、如实报告生产安全事故。

第二十五条　生产经营单位应当对从业人员进行安全生产教育和培训，保证从业人员具备必要的安全生产知识，熟悉有关的安全生产规章制度和安全操作规程，掌握本岗位的安全操作技能，了解事故应急处理措施，知悉自身在安全生产方面的权利和义务。未经安全生产教育和培训合格的从业人员，不得上岗作业。

第二十七条　生产经营单位的特种作业人员必须按照国家有关规定经专门的安全作业培训，取得相应资格，方可上岗作业。

特种作业人员的范围由国务院安全生产监督管理部门会同国务院有关部门确定。

第四十一条　生产经营单位应当教育和督促从业人员严格执行本单位的安全生产规章制度和安全操作规程；并向从业人员如实告知作业场所和工作岗位存在的危险因素、防范措施以及事故应急措施。

第四十二条　生产经营单位必须为从业人员提供符合国家标准或者行业标准的劳动防护用品，并监督、教育从业人员按照使用规则佩戴、使用。

第四十四条　生产经营单位应当安排用于配备劳动防护用品、进行安全生产培训的经费。

第四十八条　生产经营单位必须依法参加工伤保险，为从业人员缴纳保险费。

国家鼓励生产经营单位投保安全生产责任保险。

第四十九条　生产经营单位与从业人员订立的劳动合同，应当载明有关保障从业人员劳动安全、防止职业危害的事项，以及依法为从业人员办理工伤保险的事项。

生产经营单位不得以任何形式与从业人员订立协议，免除或者减轻其对从业人员因生产安全事故伤亡依法应承担的责任。

第五十条　生产经营单位的从业人员有权了解其作业场所和工作岗位存在的危险因素、防范措施及事故应急措施，有权对本单位的安全生产工作提出建议。

第五十一条　从业人员有权对本单位安全生产工作中存在的问题提出批评、检举、控告，有权拒绝违章指挥和强令冒险作业。

生产经营单位不得因从业人员对本单位安全生产工作提出批评、检举、控告或者拒绝违章指挥、强令冒险作业而降低其工资、福利等待遇，或者解除与其订立的劳动合同。

第五十二条　从业人员发现直接危及人身安全的紧急情况时，有权停止作业或者在采取可能的应急措施后撤离作业场所。

生产经营单位不得因从业人员在前款紧急情况下停止作业或者采取紧急撤离措施而降低其工资、福利等待遇或者解除与其订立的劳动合同。

第五十三条　因生产安全事故受到损害的从业人员，除依法享有工伤保险外，依照有关民事法律尚有获得赔偿的权利的，有权向本单位提出赔偿要求。

第五十四条　从业人员在作业过程中，应当严格遵守本单位的安全生产规章制度和操作规程，服从管理，正确佩戴和使用劳动防护用品。

第五十五条　从业人员应当接受安全生产教育和培训，掌握本职工作所需的安全生产知识，提高安全生产技能，增强事故预防和应急处理能力。

第五十六条　从业人员发现事故隐患或者其他不安全因

素，应当立即向现场安全生产管理人员或者本单位负责人报告；接到报告的人员应当及时予以处理。

4. 建设工程安全生产管理条例（摘录）

第十八条　施工起重机械和整体提升脚手架、模板等自升式架设设施的使用达到国家规定的检验、检测期限的，必须经具有专业资质的检验、检测机构检测。经检测不合格的，不得继续使用。

第二十五条　垂直运输机械作业人员、安装拆卸工、爆破作业人员、起重信号工、登高架设作业人员等特种作业人员，必须按照国家有关规定经过专门的安全作业培训，并取得特种作业操作资格证书后，方可上岗作业。

第二十七条　建设工程施工前，施工单位负责项目管理的技术人员应当对有关安全施工的技术要求向施工作业班组、作业人员做出详细说明，并由双方签字确认。

第二十八条　施工单位应当在施工现场入口处、施工起重机械、临时用电设施、脚手架、出入通道口、楼梯口、电梯井口、孔洞口、桥梁口、隧道口、基坑边沿、爆破物及有害危险气体和液体存放处等危险部位，设置明显的安全警示标志。安全标志必须符合国家标准。

第二十九条　施工单位应当将施工现场的办公、生活区与作业区分开设置，并保持安全距离；办公、生活区的选择应当符合安全性要求。职工的膳食、饮水、休息场所等应当符合卫生标准。施工单位不得在尚未竣工的建筑物内设置员工集体宿舍。

施工现场临时搭建的建筑物应当符合安全使用要求。施工现场使用的装配式活动房屋应当具有产品合格证。

第三十二条　施工单位应当向作业人员提供安全防护用具

和安全防护服装，并书面告知危险岗位的操作规程和违章操作的危害。

作业人员有权对施工现场的作业条件、作业程序和作业方式中存在的安全问题提出批评、检举和控告，有权拒绝违章指挥和强令冒险作业。

在施工中发生危及人身安全的紧急情况时，作业人员有权立即停止作业或者在采取必要的应急措施后撤离危险区域。

第三十三条　作业人员应当遵守安全施工的强制性标准、规章制度和操作规程，正确使用安全防护用具、机械设备等。

第三十六条　施工单位应当对管理人员和作业人员每年至少进行一次安全生产教育培训，其教育培训情况记入个人工作档案。安全生产教育培训考核不合格的人员，不得上岗。

第三十七条　作业人员进入新的岗位或者新的施工现场前，应当接受安全生产教育培训。未经教育培训或者教育培训考核不合格的人员，不得上岗作业。

施工单位在采用新技术、新工艺、新设备、新材料时，应当对作业人员进行相应的安全生产教育培训。

第三十八条　施工单位应当为施工现场从事危险作业的人员办理意外伤害保险。

意外伤害保险费由施工单位支付。

5. 工伤保险条例（摘录）

第二条　中华人民共和国境内的企业、事业单位、社会团体、民办非企业单位、基金会、律师事务所、会计师事务所等组织和有雇工的个体工商户（以下称用人单位）应当依照本条例规定参加工伤保险，为本单位全部职工或者雇工（以下称职工）缴纳工伤保险费。

中华人民共和国境内的企业、事业单位、社会团体、民办非企业单位、基金会、律师事务所、会计师事务所等组织的职工和个体工商户的雇工，均有依照本条例的规定享受工伤保险待遇的权利。

第十条　用人单位应当按时缴纳工伤保险费。职工个人不缴纳工伤保险费。

第二十一条　职工发生工伤，经治疗伤情相对稳定后存在残疾、影响劳动能力的，应当进行劳动能力鉴定。

第三十条　职工因工作遭受事故伤害或者患职业病进行治疗，享受工伤医疗待遇……

二、务工就业及社会保险

1. 劳动合同

(1)用人单位应当依法与劳动者签订劳动合同。

劳动合同是劳动者与用人单位确立劳动关系、明确双方权利和义务的协议。建立劳动关系应当订立劳动合同。订立和变更劳动合同，应遵循平等自愿、协商一致的原则，不得违反法律、行政法规的规定。劳动合同应当具备以下必备条款：

①劳动合同期限。即劳动合同的有效时间。

②工作内容。即劳动者在劳动合同有效期内所从事的工作岗位(工种)，以及工作应达到的数量、质量指标或者应当完成的任务。

③劳动保护和劳动条件。即为了保障劳动者在劳动过程中的安全、卫生及其他劳动条件，用人单位根据国家有关法律、法规而采取的各项保护措施。

④劳动报酬。即在劳动者提供了正常劳动的情况下，用人

单位应当支付的工资。

⑤劳动纪律。即劳动者在劳动过程中必须遵守的工作秩序和规则。

⑥劳动合同终止的条件。即除了期限以外其他由当事人约定的特定法律事实,这些事实一出现,双方当事人之间的权利义务关系终止。

⑦违反劳动合同的责任。即当事人不履行劳动合同或者不完全履行劳动合同,所应承担的相应法律责任。

(2)试用期应包括在劳动合同期限之中。

根据《中华人民共和国劳动法》(以下简称《劳动法》)规定,用人单位与劳动者签订的劳动合同期限可以分为三类:

①有固定期限,即在合同中明确约定效力期间,期限可长可短,长到几年、十几年,短到一年或者几个月。

②无固定期限,即劳动合同中只约定了起始日期,没有约定具体终止日期。无固定期限劳动合同可以依法约定终止劳动合同条件,在履行中只要不出现约定的终止条件或法律规定的解除条件,一般不能解除或终止,劳动关系可以一直存续到劳动者退休为止。

③以完成一定的工作为期限,即以完成某项工作或者某项工程为有效期限,该项工作或者工程一经完成,劳动合同即终止。

签订劳动合同可以不约定试用期,也可以约定试用期,但试用期最长不得超过6个月。劳动合同期限在6个月以下的,试用期不得超过15日;劳动合同期限在6个月以上1年以下的,试用期不得超过30日;劳动合同期限在1年以上2年以下的,试用期不得超过60日。试用期包括在劳动合同期限中。非全日制劳动合同,不得约定试用期。

(3)订立劳动合同时,用人单位不得向劳动者收取定金、保证金或扣留居民身份证。

根据劳动保障部《劳动力市场管理规定》,禁止用人单位招用人员时向求职者收取招聘费用、向被录用人员收取保证金或抵押金、扣押被录用人员的身份证等证件。用人单位违反规定的,由劳动保障行政部门责令改正,并可处以1000元以下罚款;对当事人造成损害的,应承担赔偿责任。

(4)劳动者不必履行无效的劳动合同。

①无效的劳动合同是指不具有法律效力的劳动合同。根据《劳动法》的规定,下列劳动合同无效:

a. 违反法律、行政法规的劳动合同。

b. 采取欺诈、威胁等手段订立的劳动合同。劳动合同的无效,由劳动争议仲裁委员会或者人民法院确认。无效的劳动合同,从订立的时候起,就没有法律约束力。也就是说,劳动者自始至终都无须履行无效劳动合同。确认劳动合同部分无效的,如果不影响其余部分的效力,其余部分仍然有效。

②由于用人单位的原因订立的无效合同,对劳动者造成损害的,应当承担赔偿责任。具体包括:

a. 造成劳动者工资收入损失的,按劳动者本人应得工资收入支付给劳动者,并加付应得工资收入25%的赔偿费用。

b. 造成劳动者劳动保护待遇损失的,应按国家规定补足劳动者的劳动保护津贴和用品。

c. 造成劳动者工伤、医疗待遇损失的,除按国家规定为劳动者提供工伤、医疗待遇外,还应支付劳动者相当于医疗费用25%的赔偿费用。

d. 造成女职工和未成年工身体健康损害的,除按国家规定提供治疗期间的医疗待遇外,还应支付相当于其医疗费用25%

的赔偿费用。

e.劳动合同约定的其他赔偿费用。

(5)用人单位不得随意变更劳动合同。

劳动合同的变更，是指劳动关系双方当事人就已订立的劳动合同的部分条款达成修改、补充或者废止协定的法律行为。《劳动法》规定，变更劳动合同，应当遵循平等自愿、协商一致的原则，不得违反法律、行政法规的规定。经双方协商同意依法变更后的劳动合同继续有效，对双方当事人都有约束力。

(6)解除劳动合同应当符合《劳动法》的规定。

劳动合同的解除，是指劳动合同有效成立后至终止前这段时期内，当具备法律规定的劳动合同解除条件时，因用人单位或劳动者一方或双方提出，而提前解除双方的劳动关系。根据《劳动法》的规定，劳动者可以和用人单位协商解除劳动合同，也可以在符合法律规定的情况下单方解除劳动合同。

①劳动者单方解除。

a.《劳动法》第三十一条规定：劳动者解除劳动合同，应当提前三十日以书面形式通知用人单位。这是劳动者解除劳动合同的条件和程序。劳动者提前三十日以书面形式通知用人单位解除劳动合同，无须征得用人单位的同意，用人单位应及时办理有关解除劳动合同的手续。但由于劳动者违反劳动合同的有关约定而给用人单位造成经济损失的，应依据有关规定和劳动合同的约定，由劳动者承担赔偿责任。

b.《劳动法》第三十二条规定：有下列情形之一的，劳动者可以随时通知用人单位解除劳动合同：

(a)在试用期内的；

(b)用人单位以暴力、威胁或者非法限制人身自由的手段强迫劳动的；

(c)用人单位未按照劳动合同约定支付劳动报酬或者提供劳动条件的。

②用人单位单方解除。

a.《劳动法》第二十五条规定，劳动者有下列情形之一的，用人单位可以解除劳动合同：

(a)在试用期间被证明不符合录用条件的；

(b)严重违反劳动纪律或者用人单位规章制度的；

(c)严重失职、营私舞弊，对用人单位利益造成重大损害的；

(d)被依法追究刑事责任的。

b.《劳动法》第二十六条规定：有下列情形之一的，用人单位可以解除劳动合同，但是应当提前三十日以书面形式通知劳动者本人：

(a)劳动者患病或者非因工负伤，医疗期满后，既不能从事原工作也不能从事由用人单位另行安排的工作的；

(b)劳动者不能胜任工作，经过培训或者调整工作岗位，仍不能胜任工作的；

(c)劳动合同订立时所依据的客观情况发生重大变化，致使原劳动合同无法履行，经当事人协商不能就变更劳动合同达成协议的。

c.《劳动法》第二十七条规定：用人单位濒临破产进行法定整顿期间或者生产经营状况发生严重困难，确需裁减人员的，应当提前三十日向工会或者全体职工说明情况，听取工会或者职工的意见，经向劳动保障行政部门报告后，可以裁减人员。并且规定，用人单位自裁减人员之日起六个月内录用人员的，应当优先录用被裁减的人员。

(7)用人单位解除劳动合同应当依法向劳动者支付经济补偿金。

根据《劳动法》规定，在下列情况下，用人单位解除与劳动者的劳动合同，应当根据劳动者在本单位的工作年限，每满一年发给相当于一个月工资的经济补偿金：

①经劳动合同当事人协商一致，由用人单位解除劳动合同的。

②劳动者不能胜任工作，经过培训或者调整工作岗位仍不能胜任工作，由用人单位解除劳动合同的。

以上两种情况下支付经济补偿金，最多不超过 12 个月。

③劳动合同订立时所依据的客观情况发生了重大变化，致使原劳动合同无法履行，经当事人协商不能就变更劳动合同达成协议，由用人单位解除劳动合同的。

④用人单位濒临破产进行法定整顿期间或者生产经营状况发生严重困难，必须裁减人员，由用人单位解除劳动合同的。

⑤劳动者患病或者非因工负伤，经劳动鉴定委员会确认不能从事原工作，也不能从事用人单位另行安排的工作而解除劳动合同的；在这类情况下，同时应发给不低于 6 个月工资的医疗补助费。劳动者患重病或者绝症的还应增加医疗补助费，患重病的增加部分不低于医疗补助费的 50%，患绝症的增加部分不低于医疗补助费的 100%。

另外，用人单位解除劳动者劳动合同后，未按以上规定给予劳动者经济补偿的，除必须全额发给经济补偿金外，还须按欠发经济补偿金数额的 50%支付额外经济补偿金。

经济补偿金应当一次性发给。劳动者在本单位工作时间不满一年的按一年的标准计算。计算经济补偿金的工资标准是企业正常生产情况下，劳动者解除合同前 12 个月的月平均工资；在以上第③、④、⑤类情况下，给予经济补偿金的劳动者月平均工资低于企业月平均工资的，应按企业月平均工资支付。

(8)用人单位不得随意解除劳动合同。

《劳动法》及《违反〈劳动法〉有关劳动合同规定的赔偿办法》(劳部发[1995]223号)规定,用人单位不得随意解除劳动合同。用人单位违法解除劳动合同的,由劳动保障行政部门责令改正;对劳动者造成损害的,应当承担赔偿责任。具体赔偿标准是:

①造成劳动者工资收入损失的,按劳动者本人应得工资收入支付劳动者,并加付应得工资收入25%的赔偿费用。

②造成劳动者劳动保护待遇损失的,应按国家规定补足劳动者的劳动保护津贴和用品。

③造成劳动者工伤、医疗待遇损失的,除按国家规定为劳动者提供工伤、医疗待遇外,还应支付劳动者相当于医疗费用25%的赔偿费用。

④造成女职工和未成年工身体健康损害的,除按国家规定提供治疗期间的医疗待遇外,还应支付相当于其医疗费用25%的赔偿费用。

⑤劳动合同约定的其他赔偿费用。

2. 工资

(1)用人单位应该按时足额支付工资。

《劳动法》中的"工资"是指用人单位依据国家有关规定或劳动合同的约定,以货币形式直接支付给本单位劳动者的劳动报酬,一般包括计时工资、计件工资、奖金、津贴和补贴、延长工作时间的工资报酬以及特殊情况下支付的工资等。

(2)用人单位不得克扣劳动者工资。

《劳动法》以及《违反〈中华人民共和国劳动法〉行政处罚办法》等规定,用人单位不得克扣劳动者工资。用人单位克扣劳动者工资的,由劳动保障行政部门责令支付劳动者的工资报酬,并加发相当于工资报酬 25%的经济补偿金。并可责令用人单位按相当于支付劳动者工资报酬、经济补偿总和的一至五倍支付劳动者赔偿金。

“克扣工资”是指用人单位无正当理由扣减劳动者应得工资(即在劳动者已提供正常劳动的前提下,用人单位按劳动合同规定的标准应当支付给劳动者的全部劳动报酬)。

(3)用人单位不得无故拖欠劳动者工资。

《劳动法》以及《违反〈中华人民共和国劳动法〉行政处罚办法》等规定,用人单位无故拖欠劳动者工资的,由劳动保障行政部门责令支付劳动者的工资报酬,并加发相当于工资报酬 25%的经济补偿金。并可责令用人单位按相当于支付劳动者工资报酬、经济补偿总和的一至五倍支付劳动者赔偿金。

“无故拖欠工资”是指用人单位无正当理由超过规定付薪时间未支付劳动者工资。

(4)农民工工资标准。

①在劳动者提供正常劳动的情况下,用人单位支付的工资不得低于当地最低工资标准。

根据《劳动法》、劳动保障部《最低工资规定》等规定,在劳动者提供正常劳动的情况下,用人单位应支付给劳动者的工资在剔除下列各项以后,不得低于当地最低工资标准:

a. 延长工作时间工资。

b. 中班、夜班、高温、低温、井下、有毒有害等特殊工作环境条件下的津贴。

c. 法律、法规和国家规定的劳动者福利待遇等。

实行计件工资或提成工资等工资形式的用人单位,在科学合理的劳动定额基础上,其支付劳动者的工资不得低于相应的最低工资标准。

用人单位违反以上规定的，由劳动保障行政部门责令其限期补发所欠劳动者工资，并可责令其按所欠工资的一至五倍支付劳动者赔偿金。

②在非全日制劳动者提供正常劳动的情况下，用人单位支付的小时工资不得低于当地小时工资最低标准。

劳动保障部《最低工资规定》《关于非全日制用工若干问题的意见》规定，非全日制用工是指以小时计酬、劳动者在同一用人单位平均每日工作时间不超过5h、累计每周工作时间不超过30h的用工形式。用人单位应当按时足额支付非全日制劳动者的工资，具体可以按小时、日、周或月为单位结算。在非全日制劳动者提供正常劳动的情况下，用人单位支付的小时工资不得低于当地小时工资最低标准。非全日制用工的小时工资最低标准由省、自治区、直辖市规定。

③用人单位安排劳动者加班加点应依法支付加班加点工资。

《劳动法》以及《违反〈中华人民共和国劳动法〉行政处罚办法》等规定，用人单位安排劳动者加班加点应依法支付加班加点工资。用人单位拒不支付加班加点工资的，由劳动保障行政部门责令支付劳动者的工资报酬，并加发相当于工资报酬25％的经济补偿金。并可责令用人单位按相当于支付劳动者工资报酬、经济补偿总和的一至五倍支付劳动者赔偿金。

劳动者日工资可统一按劳动者本人的月工资标准除以每月制度工作天数进行折算。职工全年月平均工作天数和工作时间分别为20.92天和167.4h，职工的日工资和小时工资按此进行折算。

3. 社会保险

(1)农民工有权参加基本医疗保险。

根据国家有关规定，各地要逐步将与用人单位形成劳动关系的农村进城务工人员纳入医疗保险范围。根据农村进城务工人员的特点和医疗需求，合理确定缴费率和保障方式，解决他们在务工期间的大病医疗保障问题，用人单位要按规定为其缴纳医疗保险费。对在城镇从事个体经营等灵活就业的农村进城务工人员，可以按照灵活就业人员参保的有关规定参加医疗保险。据此，在已经将农民工纳入医疗保险范围的地区，农民工有权参加医疗保险，用人单位和农民工本人应依法缴纳医疗保险费，农民工患病时，可以按照规定享受有关医疗保险待遇。

(2)农民工有权参加基本养老保险。

按照国务院《社会保险费征缴暂行条例》等有关规定，基本养老保险覆盖范围内的用人单位的所有职工，包括农民工，都应该参加养老保险，履行缴费义务。参加养老保险的农民合同制职工，在与企业终止或解除劳动关系后，由社会保险经办机构保留其养老保险关系，保管其个人账户并计息。凡重新就业的，应接续或转移养老保险关系；也可按照省级政府的规定，根据农民合同制职工本人申请，将其个人账户个人缴费部分一次性支付给本人，同时终止养老保险关系。农民合同制职工在男年满 60 周岁、女年满 55 周岁时，累计缴费年限满 15 年以上的，可按规定领取基本养老金；累计缴费年限不满 15 年的，其个人账户全部储存额一次性支付给本人。

(3)农民工有权参加失业保险。

根据《失业保险条例》规定，城镇企业事业单位招用的农民合同制工人应该参加失业保险，用人单位按规定为农民工缴纳社会保险费，农民合同制工人本人不缴纳失业保险费。单位招用的农民合同制工人连续工作满 1 年，本单位并已缴纳失业保险费，劳动合同期满未续订或者提前解除劳动合同的，由社会保险经办机构根据其工作时间长短，对其支付一次性生活补助。

补助的办法和标准由省、自治区、直辖市人民政府规定。

(4)用人单位应依法为农民工参加生育保险。

目前我国的生育保险制度还没有普遍建立,各地工作进展不平衡。从各地制定的规定看,有的地区没有将农民工纳入生育保险覆盖范围,有的地区则将农民工纳入了生育保险覆盖范围。如果农民工所在地区将农民工纳入了生育保险覆盖范围,农民工所在单位应按规定为农民工参加生育保险并缴纳生育保险费,符合规定条件的生育农民工依法享受生育保险待遇。

(5)劳动争议与调解处理。

劳动争议,也称劳动纠纷,就是指劳动关系当事人双方(用人单位和劳动者)之间因执行劳动法律、法规或者履行劳动合同以及其他劳动问题而发生劳动权利与义务方面的纠纷。

①劳动争议的范围。劳动争议的内容,是指劳动合同关系中当事人的权利与义务。所以,用人单位与劳动者之间发生的争议不都是劳动争议。只有在争议涉及劳动关系双方当事人在劳动关系中的权利和义务时,它才是劳动争议。劳动争议包括:因开除、除名、辞退职工和职工辞职、自动离职发生的争议;因执行国家有关工资、保险、福利、培训、劳动保护的规定发生的争议;因履行劳动合同发生的争议等。

②劳动争议处理机构。我国的劳动争议处理机构主要有:企业劳动争议调解委员会、各级政府劳动争议仲裁委员会和人民法院。根据《劳动法》等的规定:在用人单位内可以设劳动争议调解委员会,负责调解本单位的劳动争议;在县、市、市辖区应当设立劳动争议仲裁委员会;各级人民法院的民事审判庭负责劳动争议案件的审理工作。

③劳动争议的解决方法。根据我国有关法律、法规的规定,解决劳动争议的方法如下:

a. 协商。劳动争议发生后，双方当事人应当先进行协商，以达成解决方案。

b. 调解。就是企业调解委员会对本单位发生的劳动争议进行调解。从法律、法规的规定看，这并不是必经的程序。但它对于劳动争议的解决却起到很大作用。

c. 仲裁。劳动争议调解不成的，当事人可以向劳动争议仲裁委员会申请仲裁。当事人也可以直接向劳动争议仲裁委员会申请仲裁。当事人从知道或应当知道其权利被侵害之日起 60 日内，以书面形式向仲裁委员会申请仲裁。仲裁委员会应当自收到申请书之日起 7 日内做出受理或不予受理的决定。

d. 诉讼。当事人对仲裁裁决不服的，可以自收到仲裁裁决之日起 15 日内向人民法院起诉。人民法院民事审判庭受理和审理劳动争议案件。

④维护自身权益要注意法定时限。劳动者通过法律途径维护自身权益，一定要注意不能超过法律规定的时限。劳动者通过劳动争议仲裁、行政复议等法律途径维护自身合法权益，或者申请工伤认定、职业病诊断与鉴定等，一定要注意在法定的时限内提出申请。如果超过了法定时限，有关申请可能不会被受理，致使自身权益难以得到保护。主要的时限包括：

a. 申请劳动争议仲裁的，应当在劳动争议发生之日（即当事人知道或应当知道其权利被侵害之日）起 60 日内向劳动争议仲裁委员会申请仲裁。

b. 对劳动争议仲裁裁决不服、提起诉讼的，应当自收到仲裁裁决书之日起 15 日内，向人民法院提起诉讼。

c. 申请行政复议的，应当自知道该具体行政行为之日起 60 日内提出行政复议申请。

d. 对行政复议决定不服、提起行政诉讼的，应当自收到行政复议决定书之日起 15 日内,向人民法院提起行政诉讼。

e. 直接向人民法院提起行政诉讼的,应当在知道做出具体行政行为之日起 3 个月内提出,法律另有规定的除外。因不可抗力或者其他特殊情况耽误法定期限的,在障碍消除后的 10 日内,可以申请延长期限,由人民法院决定。

f. 申请工伤认定的,所在单位应当自事故伤害发生之日或者被诊断、鉴定为职业病之日起 30 日内,向统筹地区劳动保障行政部门提出工伤认定申请。遇有特殊情况,经报劳动保障行政部门同意,申请时限可以适当延长。用人单位未按前款规定提出工伤认定申请的,工伤职工或者其直系亲属、工会组织在事故伤害发生之日或者被诊断、鉴定为职业病之日起 1 年内,可以直接向用人单位所在地统筹地区劳动保障行政部门提出工伤认定申请。

三、工人健康卫生知识

1. 常见疾病的预防和治疗

(1)流行性感冒。

①流行性感冒的传播方式。流行性感冒简称流感,是由流感病毒引起的一种急性呼吸道传染病。流感的传染源主要是患者,病后 1～7 天均有传染性。流感主要通过呼吸道传播,传染性很强,常引起流行。一般常突然发生,迅速蔓延,患者数多。

提示:发生流行性感冒时应注意与病人保持一定距离,以免被传染。

②流行性感冒的症状。流感的症状与感冒类似,主要是发热及上呼吸道感染症状,如咽痛、鼻塞、流鼻涕、打喷嚏、咳嗽等。流感的全身症状重,而局部症状很轻。

③流行性感冒的预防。

a. 最主要的是注射流感疫苗，疫苗应于流感流行前1～2个月注射。因流感冬季易发，故常于每年10月左右进行注射。

b. 应当尽量避免接触病人，流行期间不到人多的地方去。

c. 增强身体抵抗力最重要，生活规律、适当锻炼、合理营养、精神愉快非常关键。

d. 避免过累、精神紧张、着凉、酗酒等。

(2)细菌性痢疾。

①细菌性痢疾的传播方式。细菌性痢疾(简称菌痢)，是夏秋季节最常见的急性肠道传染病，由痢疾杆菌引起，以结肠化脓性炎症为主要病变。菌痢主要通过粪－口途径传播，即患者大便中的痢疾杆菌可以污染手、食物、水、蔬菜、水果等而进入口中引起感染。细菌性痢疾终年均有发生，但多流行于夏秋季节。人群对此病普遍易感，幼儿及青壮年发病率较高。

②细菌性痢疾的症状。细菌性痢疾病情可轻可重，轻者仅有轻度腹泻，重者可有发热、全身不适、乏力、恶心、呕吐、腹痛、腹泻。腹泻次数由一日数次至十数次不等，患者常有老想解大便可总也解不干净的感觉(里急后重)，患者大便中常有黏液，重者有脓血。

③细菌性痢疾的预防。

a. 做好痢疾患者的粪便、呕吐物的消毒处理，管理好水源，防止病菌污染水源、土壤及农作物；患者使用过的厕所、餐具等也应消毒。

b. 不喝生水，不生吃水产品，蔬菜要洗净、炒熟再吃，水果应洗净削皮后食用。

c. 养成饭前、便后洗手的习惯，不吃被苍蝇、蟑螂叮咬过或爬过的食物，积极做好灭苍蝇、灭蟑螂工作。

d. 加强体育锻炼，增强体质。

重点：注意个人卫生，养成饭前、便后洗手的习惯。

(3)食物中毒。

①细菌性食物中毒的传播方式。细菌性食物中毒是由于进食被细菌或细菌毒素污染的食物而引起的急性感染中毒性疾病。细菌性食物中毒是典型的肠道传染病，发生原因主要有以下几个方面：

a. 食物在宰杀或收割、运输、储存、销售等过程中受到病菌的污染。

b. 被致病菌污染的食物在较高的温度下存放，食品中充足的水分、适宜的酸碱度及营养条件使致病菌大量繁殖或产生毒素。

c. 食品在食用前未烧透或熟食受到生食交叉污染。

d. 在缺氧环境中(如罐头等)肉毒杆菌产生毒素。

②细菌性食物中毒的症状。胃肠型细菌性食物中毒是食物中毒中最常见的一种，是由于食用了被细菌或细菌毒素污染的食物所引起的。绝大多数患者表现为胃肠炎的症状，如恶心、呕吐、腹痛、腹泻、排水样便等。腹泻一天数次到数十次不等，多数是稀水样便，个别人可有黏液血便、血水样便等，极少数患者可以发生败血症。

③细菌性食物中毒的预防。

a. 防止食品污染。加强对污染源的管理，做好牲畜屠宰前后的卫生检验，防止感染；对海鲜类食品应加强管理，防止污染其他食品；要严防食品加工、贮存、运输、销售过程中被病原体污染；食品容器、刀具等应严格生熟分开使用，做好消毒工作，防止交叉污染；生产场所、厨房、食堂等要有防蝇、防鼠设备；严格遵守饮食行业和炊事人员的个人卫生制度；患化脓性病症和上呼吸道感染的患者，在治愈前不应参加接触食品的工作。

b. 控制病原体繁殖及外毒素的形成。食品应低温保存或放在阴凉通风处，食品中加盐量达10%也可有效控制细菌繁殖及毒素形成。

c. 彻底加热杀灭细菌及破坏毒素。这是防止食物中毒的重要措施，要彻底杀灭肉中的病原体，肉块不应太大，加热时其内部温度可以达到80℃，这样持续12min就可将细菌杀死。

d. 凡是食品在加工和保存过程中有厌氧环境存在，均应防止肉毒杆菌的污染，过期罐头——特别是产气罐头（其盖鼓起）均勿食用。

（4）病毒性肝炎。

①病毒性肝炎的类型。病毒性肝炎是由多种肝炎病毒引起的，以肝脏损害为主的一组全身性传染病。按病原体分类，目前已确定的有甲型肝炎、乙型肝炎、丙型肝炎、丁型肝炎、戊型肝炎。通过实验诊断排除上述类型的肝炎者，称为“非甲—戊型肝炎”。

②病毒性肝炎的传染源。

a. 甲型肝炎无病毒携带状态，传染源为急性期患者和隐性感染者。粪便排毒期在起病前2周至血清转氨酶高峰期后1周，少数患者延长至病后30天。

b. 乙型肝炎属于常见传染病，可通过母婴、血液和体液传播。传染源主要是急、慢性乙型肝炎患者和病毒携带者。急性患者在潜伏期末及急性期有传染性，但不超过6个月。慢性患者和病毒携带者作为传染源预防的意义重大。

c. 丙型肝炎的传染源是急、慢性患者和无症状病毒携带者。

d. 丁型肝炎的传染源与乙型肝炎相似。

e. 戊型肝炎的传染源与甲型肝炎相似。

③病毒性肝炎的症状。

a. 疲乏无力、懒动、下肢酸困不适，稍加活动则难以支持。

b. 食欲不振、食欲减退、厌油、恶心、呕吐及腹胀，往往食后加重。

c. 部分病人尿黄、尿色如浓茶，大便色淡或灰白，腹泻或便秘。

d. 右上腹部有持续性腹痛，个别病人可呈针刺样或牵拉样疼痛，于活动、久坐后加重，卧床休息后可缓解，右侧卧时加重，左侧卧时减轻。

e. 医生检查可有肝脏肿大、压痛、肝区叩击痛、肝功能损害，部分病例出现发热及黄疸表现。

f. 血清谷丙转氨酶及血中总胆红素升高有助于诊断，也可进一步做血清免疫学检查及明确肝炎类型。

④病毒性肝炎的预防。病毒性肝炎预防应采取以切断传播途径为重点的综合性措施。

对甲型、戊型肝炎，重点抓好水源保护、饮水消毒、食品加工、粪便管理等，切断粪—口途径传播，注意个人卫生，饭前、便后洗手，不喝生水，生吃瓜果要洗净。对于急性病如甲型和戊型肝炎病人接触的易感人群，应注射人血丙种球蛋白，注射时间越早越好。

对乙型、丙型和丁型肝炎，重点在于防止通过血液和体液的传播，各种医疗及预防注射，应实行一人一针一管，对带血清的污染物应严格消毒，对血液和血液制品应严格检测。对学龄前儿童和密切接触者，应接种乙肝疫苗；乙肝疫苗和乙肝免疫球蛋白联合应用可有效地阻断母婴传播；医务人员在工作中因医疗意外或医疗操作不慎感染乙肝病毒，应立即注射免疫球蛋白。

2. 职业病的预防和治疗

(1)职业病定义。

所谓职业病,是指企业、事业单位和个体经济组织的劳动者在职业活动中,因接触粉尘、放射性物质和其他有毒、有害物质等因素而引起的疾病。对于患职业病的,我国法律规定,应属于工伤,享受工伤待遇。

(2)建筑企业常见的职业病。

①接触各种粉尘引起的尘肺病。

②电焊工尘肺、眼病。

③直接操作振动机械引起的手臂振动病。

④油漆工、粉刷工接触有机材料散发的不良气体引起的中毒。

⑤接触噪声引起的职业性耳聋。

⑥长期超时、超强度地工作,精神长期过度紧张造成相应职业病。

⑦高温中暑等。

(3)职业病鉴定与保障。

劳动者如果怀疑所得的疾病为职业病,应当及时到当地卫生部门批准的职业病诊断机构进行职业病诊断。对诊断结论有异议的,可以在 30 日内到市级卫生行政部门申请职业病诊断鉴定,鉴定后仍有异议的,可以在 15 日内到省级卫生行政部门申请再鉴定。被诊断、鉴定为职业病,所在单位应当自被诊断、鉴定为职业病之日起 30 日内,向统筹地区劳动保障行政部门提出工伤认定申请。

提示:劳动者日常需要注意收集与职业病相关的材料。

(4)职业病的诊断。

根据《中华人民共和国职业病防治法》(以下简称《职业病防治法》)和《职业病诊断与鉴定管理办法》的有关规定，具体程序为：

①职业病诊断应当由省级以上人民政府卫生行政部门批准的医疗卫生机构承担，劳动者可以在用人单位所在地或者本人居住地依法承担职业病诊断的医疗卫生机构进行职业病诊断。

②当事人申请职业病诊断时应当提供以下材料：

a. 职业史、既往史。

b. 职业健康监护档案复印件。

c. 职业健康检查结果。

d. 工作场所历年职业病危害因素检测、评价资料。

e. 诊断机构要求提供的其他必需的有关材料。

③职业病诊断应当依据职业病诊断标准，结合职业病危害接触史、工作场所职业病危害因素检测与评价、临床表现和医学检查结果等资料，综合做出分析。

④职业病诊断机构在进行职业病诊断时，应当组织三名以上取得职业病诊断资格的执业医师进行集体诊断。

⑤职业病诊断机构做出职业病诊断后，应当向当事人出具职业病诊断证明书。职业病诊断证明书应当明确是否患有职业病，对患有职业病的，还应当载明所患职业病的名称、程度(期别)、处理意见和复查时间。

⑥当事人对职业病诊断有异议的，在接到职业病诊断证明书之日起30日内，可以向做出诊断的医疗卫生机构所在地的市级卫生行政部门申请鉴定。

⑦当事人申请职业病诊断鉴定时，应当提供以下材料：

a. 职业病诊断鉴定申请书。

b. 职业病诊断证明书。

c. 其他有关资料。职业病诊断鉴定办事机构应当自收到申请资料之日起 10 日内完成材料审核，对材料齐全的发给受理通知书；材料不全的，通知当事人补充。职业病诊断鉴定办事机构应当在受理鉴定之日起 60 日内组织鉴定。

⑧鉴定委员会应当认真审查当事人提供的材料，必要时可听取当事人的陈述和申辩，对被鉴定人进行医学检查，对被鉴定人的工作场所进行现场调查取证。

⑨职业病诊断鉴定书应当包括以下内容：

a. 劳动者、用人单位的基本情况及鉴定事由。

b. 参加鉴定的专家情况。

c. 鉴定结论及其依据，如果为职业病，应当注明职业病名称、程度（期别）。

d. 鉴定时间。职业病诊断鉴定书应当于鉴定结束之日起 20 日内由职业病诊断鉴定办事机构发送给当事人。

（5）劳动者有权利拒绝从事容易发生职业病的工作。

劳动者依法享有保持自己身体健康的权利，因此，对于是否选择从事存在职业病危害的工作，应当由劳动者依照其自己的意愿决定。而要使劳动者能够自行决定是否选择从事该工作，就应当保证劳动者对相关工作内容以及其可能带来的危害有一定的了解。正因为如此，《职业病防治法》规定："用人单位与劳动者订立劳动合同（含聘用合同，下同）时，应当将工作过程中可能产生的职业病危害及其后果、职业病防护措施和待遇等如实告知劳动者，并在劳动合同中写明，不得隐瞒或者欺骗。""劳动者在已订立劳动合同期间因工作岗位或者工作内容变更，从事与所订立劳动合同中未告知的存在职业病危害的作业时，用人单位应当依照前款规定，向劳动者履行如实告知的义务，并协商变更原劳动合同相关条款。""用人单位违反前两款规定的，劳动者有权拒绝从事存在职业病危害的作业，用人单位不得因此解除或者终止与劳动者所订立的劳动合同。”

另外，根据《职业病防治法》的规定，用人单位违反本规定，订立或者变更劳动合同时，未告知劳动者职业病危害真实情况的，由卫生行政部门责令限期改正，给予警告，可以并处 2 万元以上 5 万元以下的罚款。

根据前述规定，如果用人单位没有将工作过程中可能产生的职业病危害及其后果、职业病防护措施和待遇等如实告知劳动者，并在劳动合同中写明，那么劳动者就有权利拒绝从事存在职业病危害的作业，并且用人单位不得因劳动者拒绝从事该作业而解除或者终止劳动者的劳动合同。

(6)患职业病的劳动者有权获得相应的保障。

①患职业病的劳动者有权利获得职业保障。《中华人民共和国劳动合同法》规定，用人单位以下情形不得解除劳动合同：

a. 患职业病或者因工负伤并确认丧失或者部分丧失劳动能力的。

b. 患病或者负伤，在规定的医疗期内的。职业病病人依法享受国家规定的职业病待遇，用人单位对不适宜继续从事原工作的职业病病人，应当调离原岗位，并妥善安置。

②患职业病的劳动者有权利获得医疗保障。《职业病防治法》规定：“职业病病人依法享受国家规定的职业病待遇。用人单位应当按照国家有关规定，安排职业病病人进行治疗、康复和定期检查。”

③患职业病的劳动者有权利获得生活保障。《职业病防治法》规定：“劳动者被诊断患有职业病，但用人单位没有依法参加工伤社会保险的，其医疗和生活保障由最后的用人单位承担。”

④患职业病的劳动者有权利依法获得赔偿。职业病病人除依法享有工伤社会保险外,依照有关民事法律,尚有获得赔偿的权利的,有权向用人单位提出赔偿要求。

(7)职工患职业病后的一次性处理规定。

职工患病后,应当先行治疗,然后进行职业病的诊断和鉴定。如果职工按照《职业病防治法》规定被诊断、鉴定为职业病,必须向劳动保障行政部门提出工伤认定申请,由劳动保障行政部门做出工伤认定。如果职工经治疗伤情相对稳定后存在残疾、影响劳动能力的,还应当进行劳动能力鉴定。最后职工才可按照《工伤保险条例》规定的标准享受工伤保险待遇。

以上程序是职工患职业病后享受工伤待遇所必需的,是切实保障职工合法权益的基础。但在实际生活中,一些用人单位和职工由于不懂工伤法律或者怕麻烦、图省事,在职工患病后就直接约定进行一次性工伤补助,这种做法是不可取的。当然,如果工伤职工愿意,待治愈或病情稳定做出工伤伤残等级鉴定后,可参照有关工伤的规定依法与企业达成一次性领取工伤待遇的相关协议。

(8)治疗职业病的有关费用支付。

首先应当明确的是,检查、治疗、诊断职业病的,劳动者本人不承担相关费用。这些费用依照规定,应当由用人单位负担或者从工伤保险基金中支付。

①职业健康检查费用由用人单位承担。

②救治急性职业病危害的劳动者,或者进行健康检查和医学观察,所需费用由用人单位承担。

③职业病诊断鉴定费用由用人单位承担。

④因职业病进行劳动能力鉴定的,鉴定费从工伤保险基金中支付。

⑤因职业病需要治疗的，相关费用按照工伤的规定处理。

还需要说明的是，不管是职业病还是其他原因发生的工伤，都必须进行彻底的治疗，相关的费用不管花了多少，都应当依法予以报销，即"工伤索赔上不封顶"。

(9)劳动者在职业病防治中须承担的义务。

①认真接受用人单位的职业卫生培训，努力学习和掌握必要的职业卫生知识。

②遵守职业卫生法规、制度、操作规程。

③正确使用与维护职业危害防护设备及个人防护用品。

④及时报告事故隐患。

⑤积极配合上岗前、在岗期间和离岗时的职业健康检查。

⑥如实提供职业病诊断、鉴定所需的有关资料等。

重点：熟知职业安全卫生警示标志，禁止不安全的操作行为，正确使用个人防护用品。

(10)建筑企业常见职业病及预防控制措施。

①接触各种粉尘引起的尘肺病预防控制措施。

作业场所防护措施：加强水泥等易扬尘的材料的存放处、使用处的扬尘防护，任何人不得随意拆除，在易扬尘部位设置警示标志。

个人防护措施：落实相关岗位的持证上岗，给施工作业人员提供扬尘防护口罩，杜绝施工操作人员的超时工作。

②电焊工尘肺、眼病的预防控制措施。

作业场所防护措施：为电焊工提供通风良好的操作空间。

个人防护措施：电焊工必须持证上岗，作业时佩戴有害气体防护口罩、眼睛防护罩，杜绝违章作业，采取轮流作业，杜绝施工操作人员的超时工作。

③直接操作振动机械引起的手臂振动病的预防控制措施。

作业场所防护措施:在作业区设置预防职业病警示标志。

个人防护措施:机械操作工要持证上岗,提供振动机械防护手套,延长换班休息时间,杜绝作业人员的超时工作。

④油漆工、粉刷工接触有机材料散发不良气体引起的中毒预防控制措施。

作业场所防护措施:加强作业区的通风排气措施。

个人防护措施:相关工种持证上岗,给作业人员提供防护口罩,轮流作业,杜绝作业人员的超时工作。

⑤接触噪声引起的职业性耳聋的预防控制措施。

作业场所防护措施:在作业区设置防职业病警示标志,对噪声大的机械加强日常保养和维护,减少噪声污染。

个人防护措施:为施工操作人员提供劳动防护耳塞轮流作业,杜绝施工操作人员的超时工作。

⑥长期超时、超强度地工作,精神长期过度紧张所造成相应职业病的预防控制措施。

作业场所防护措施:提高机械化施工程度,减小工人劳动强度,为职工提供良好的生活、休息、娱乐场所,加强施工现场文明施工。

个人防护措施:不盲目抢工期,即使抢工期也必须安排充足的人员能够按时换班作业,采取8h作业换班制度,及时发放工人工资,稳定工人情绪。

⑦高温中暑的预防控制措施。

作业场所防护措施:在高温期间,为职工备足饮用水或绿豆汤、防中暑药品、器材。

个人防护措施:减少工人工作时间,尤其是延长中午休息时间。

提示:工作场所自觉做好个人安全防护。

四、工地施工现场急救知识

施工现场急救基本常识主要包括应急救援基本常识、触电急救知识、创伤救护知识、火灾急救知识、中毒及中暑急救知识以及传染病急救措施等，了解并掌握这些现场急救基本常识，是做好安全工作的一项重要内容。

1. 应急救援基本常识

（1）施工企业应建立企业级重大事故应急救援体系，以及重大事故救援预案。

（2）施工项目应建立项目重大事故应急救援体系，以及重大事故救援预案；在实行施工总承包时，应以总承包单位事故预案为主，各分包队伍也应有各自的事故救援预案。

（3）重大事故的应急救援人员应经过专门的培训，事故的应急救援必须有组织、有计划地进行；严禁在未清楚事故情况下，盲目救援，以免造成更大的伤害。

（4）事故应急救援的基本任务：

①立即组织营救受害人员，组织撤离或者采取其他措施保护危害区域内的其他人员。

②迅速控制事态，并对事故造成的危害进行检测、监测，测定事故的危害区域、危害性质及危害程度。

③消除危害后果，做好现场恢复。

④查清事故原因，评估危害程度。

2. 触电急救知识

触电者的生命能否获救，在绝大多数情况下取决于能否迅速脱离电源和正确地实行人工呼吸和心脏按摩。拖延时间、动作迟缓或救护不当，都可能造成人员伤亡。

(1)脱离电源的方法。

①发生触电事故时，附近有电源开关和电流插销的，可立即将电源开关断开或拔出插销；但普通开关（如拉线开关、单极按钮开关等）只能断一根线，有时不一定关断的是相线，所以不能认为是切断了电源。

②当有电的电线触及人体引起触电，不能采用其他方法脱离电源时，可用绝缘的物体（如干燥的木棒、竹竿、绝缘手套等）将电线移开，使人体脱离电源。

③必要时可用绝缘工具（如带绝缘柄的电工钳、木柄斧头等）切断电线，以切断电源。

④应防止人体脱离电源后造成的二次伤害，如高处坠落、摔伤等。

⑤对于高压触电，应立即通知有关部门停电。

⑥高压断电时，应戴上绝缘手套，穿上绝缘鞋，用相应电压等级的绝缘工具切断开关。

(2)紧急救护基本常识。

根据触电者的情况，进行简单的诊断，并分别处理：

①病人神志清醒，但感到乏力、头昏、心悸、出冷汗，甚至有恶心或呕吐症状。此类病人应使其就地安静休息，减轻心脏负担，加快恢复；情况严重时，应立即小心送往医院检查治疗。

②病人呼吸、心跳尚存在，但神志昏迷。此时，应将病人仰卧，周围空气要流通，并注意保暖；除了要严密观察外，还要做好人工呼吸和心脏挤压的准备工作。

③如经检查发现，病人处于“假死”状态，则应立即针对不同类型的“假死”进行对症处理：如果呼吸停止，应用口对口的人工呼吸法来维持气体交换；如心脏停止跳动，应用体外人工心脏挤

压法来维持血液循环。

a. 口对口人工呼吸法：病人仰卧、松开衣物──→清理病人口腔阻塞物──→病人鼻孔朝天、头后仰──→捏住病人鼻子贴嘴吹气──→放开嘴鼻换气，如此反复进行，每分钟吹气12次，即每5s吹气1次。

b. 体外心脏挤压法：病人仰卧硬板上──→抢救者用手掌对病人胸口凹膛──→掌根用力向下压──→慢慢向下──→突然放开，连续操作，每分钟进行60次，即每秒一次。

c. 有时病人心跳、呼吸停止，而急救者只有一人时，必须同时进行口对口人工呼吸和体外心脏挤压，此时，可先吹两次气，立即进行挤压15次，然后再吹两次气，再挤压，反复交替进行。

3. 创伤救护知识

创伤分为开放性创伤和闭合性创伤。开放性创伤是指皮肤或黏膜的破损，常见的有：擦伤、切割伤、撕裂伤、刺伤、撕脱、烧伤；闭合性创伤是指人体内部组织损伤，而皮肤黏膜没有破损，常见的有：挫伤、挤压伤。

(1)开放性创伤的处理。

①对伤口进行清洗消毒可用生理盐水和酒精棉球，将伤口和周围皮肤上沾染的泥沙、污物等清理干净，并用干净的纱布吸收水分及渗血，再用酒精等药物进行初步消毒。在没有消毒条件的情况下，可用清洁水冲洗伤口，最好用流动的自来水冲洗，然后用干净的布或敷料吸干伤口。

②止血。对于出血不止的伤口，能否做到及时有效地止血，对伤员的生命安危影响较大。在现场处理时，应根据出血类型和部位不同采用不同的止血方法：直接压迫——将手掌通过敷

料直接加压在身体表面的开放性伤口的整个区域；抬高肢体——对于手、臂、腿部严重出血的开放性伤口都应抬高，使受伤肢体高于心脏水平线；压迫供血动脉——手臂和腿部伤口的严重出血，如果应用直接压迫和抬高肢体仍不能止血，就需要采用压迫点止血技术；包扎——使用绷带、毛巾、布块等材料压迫止血，保护伤口，减轻疼痛。

③烧伤的急救。应先去除烧伤源，将伤员尽快转移到空气流通的地方，用较干净的衣服把伤面包裹起来，防止再次污染；在现场，除了化学烧伤可用大量流动清水冲洗外，对创面一般不做处理，尽量不弄破水泡，保护表皮。

(2)闭合性创伤的处理。

①较轻的闭合性创伤，如局部挫伤、皮下出血，可在受伤部位进行冷敷，以防止组织继续肿胀，减少皮下出血。

②如发现人员从高处坠落或摔伤等意外时，要仔细检查其头部、颈部、胸部、腹部、四肢、背部和脊椎，看看是否有肿胀、青紫、局部压疼、骨摩擦声等其他内部损伤。假如出现上述情况，不能对患者随意搬动，需按照正确的搬运方法进行搬运；否则，可能造成患者神经、血管损伤并加重病情。

现场常用的搬运方法有：担架搬运法——用担架搬运时，要使伤员头部向后，以便后面抬担架的人可随时观察其变化；单人徒手搬运法——轻伤者可扶着走，重伤者可让其伏在急救者背上，双手绕颈交叉垂下，急救者用双手自伤员大腿下抱住伤员大腿。

③如怀疑有内伤，应尽早使伤员得到医疗处理；运送伤员时要采取卧位，小心搬运，注意保持呼吸道畅通，注意防止休克。

④运送过程中，如突然出现呼吸、心跳骤停时，应立即进行

人工呼吸和体外心脏挤压法等急救措施。

4. 火灾急救知识

一般地说，起火要有三个条件，即可燃物（木材、汽油等）、助燃物（氧气等）和点火源（明火、烟火、电焊花等）。扑灭初起火灾的一切措施，都是为了破坏已经产生的燃烧条件。

（1）火灾急救的基本要点。

施工现场应有经过训练的义务消防队，发生火灾时，应由义务消防队急救，其他人员应迅速撤离。

①及时报警，组织扑救。全体员工在任何时间、地点，一旦发现起火都要立即报警，并在确保安全前提下参与和组织群众扑灭火灾。

②集中力量，主要利用灭火器材，控制火势，集中灭火力量在火势蔓延的主要方向进行扑救，以控制火势蔓延。

③消灭飞火，组织人力监视火场周围的建筑物、露天物资堆放场所的未尽飞火，并及时扑灭。

④疏散物资，安排人力和设备，将受到火势威胁的物资转移到安全地带，阻止火势蔓延。

⑤积极抢救被困人员。人员集中的场所发生火灾，要有熟悉情况的人做向导，积极寻找和抢救被困的人员。

（2）火灾急救的基本方法。

①先控制，后消灭。对于不可能立即扑灭的火灾，要先控制火势，具备灭火条件时再展开全面进攻，一举消灭。

②救人重于救火。灭火的目的是为了打开救人通道，使被困的人员得到救援。

③先重点，后一般。重要物资和一般物资相比，先保护和抢救重要物资；火势蔓延猛烈方面和其他方面相比，控制火势蔓延

的方面是重点。

④正确使用灭火器材。水是最常用的灭火剂，取用方便，资源丰富，但要注意水不能用于扑救带电设备的火灾。各种灭火器的用途和使用方法如下：

酸碱灭火器：倒过来稍加摇动或打开开关，药剂喷出。适用于扑救油类火灾。

泡沫灭火器：把灭火器筒身倒过来，打开保险销，把喷管口对准火源，拉出拉环，即可喷出。适合于扑救木材、棉花、纸张等火灾，不能扑救电气、油类火灾。

二氧化碳灭火器：一手拿好喇叭筒对准火源，另一手打开开关既可。适合于扑救贵重仪器和设备，不能扑救金属钾、钠、镁、铝等物质的火灾。

干粉灭火器：打开保险销，把喷管口对准火源，拉出拉环，即可喷出。适用于扑救石油产品、油漆、有机溶剂和电气设备等火灾。

⑤人员撤离火场途中被浓烟围困时，应采取低姿势行走或匍匐穿过浓烟，有条件时可用湿毛巾等捂住嘴鼻，以便顺利撤出烟雾区；如无法进行逃生，可向建筑物外伸出衣物或抛出小物件，发出求救信号引起注意。

⑥进行物资疏散时应将参加疏散的员工编成组，指定负责人首先疏散通道，其次疏散物资，疏散的物资应堆放在上风向的安全地带，不得堵塞通道，并要派人看护。

5. 中毒及中暑急救知识

施工现场发生的中毒主要有食物中毒、燃气中毒及毒气中毒；中暑是指人员因处于高温高热的环境而引起的疾病。

(1)食物中毒的救护。

①发现饭后有多人呕吐、腹泻等不正常症状时，尽量让病人大量饮水，刺激喉部使其呕吐。

②立即将病人送往就近医院或打120急救电话。

③及时报告工地负责人和当地卫生防疫部门，并保留剩余食品以备检验。

(2)燃气中毒的救护。

①发现有人煤气中毒时，要迅速打开门窗，使空气流通。

②将中毒者转移到室外实行现场急救。

③立即拨打120急救电话或将中毒者送往就近医院。

④及时报告有关负责人。

(3)毒气中毒的救护。

①在井(地)下施工中有人发生毒气中毒时，井(地)上人员绝对不要盲目下去救助；必须先向出事点送风，救助人员装备齐全安全保护用具，才能下去救人。

②立即报告工地负责人及有关部门，现场不具备抢救条件时，应及时拨打110或120电话求救。

(4)中暑的救护。

①迅速转移。将中暑者迅速转移至阴凉通风的地方，解开衣服，脱掉鞋子，让其平卧，头部不要垫高。

②降温。用凉水或50%酒精擦其全身，直到皮肤发红、血管扩张以促进散热。

③补充水分和无机盐类。能饮水的患者应鼓励其喝足量盐开水或其他饮料，不能饮水者，应予静脉补液。

④及时处理呼吸、循环衰竭。呼吸衰竭时，可注射尼可刹明或山梗茶硷；循环衰竭时，可注射鲁明那钠等镇静药。

⑤医疗条件不完善时，应对患者严密观察，精心护理，送往附近医院进行抢救。

6. 传染病急救措施

由于施工现场的人员较多，如果控制不当，容易造成集体感染传染病。因此需要采取正确的措施加以处理，防止大面积人员感染传染病。

(1)如发现员工有集体发烧、咳嗽等不良症状，应立即报告现场负责人和有关主管部门，对患者进行隔离加以控制，同时启动应急救援方案。

(2)立即把患者送往医院进行诊治，陪同人员必须做好防护隔离措施。

(3)对可能出现病因的场所进行隔离、消毒，严格控制疾病的再次传播。

(4)加强现场员工的教育和管理，落实各级责任制，严格履行员工进出现场登记手续，做好病情的监测工作。

参考文献

[1] 中华人民共和国住房和城乡建设部. 建筑电气工程施工质量验收规范(GB 50303—2015)[S]. 北京:中国建筑工业出版社,2015.

[2] 建设部干部学院. 电气设备安装调试工. [M]. 武汉:华中科技大学出版社,2009.

[3] 建设部人事教育司. 建筑电工[M]. 北京:中国建筑工业出版社,2007.

[4] 中华人民共和国住房和城乡建设部. 电气装置安装工程电气设备交接试验标准(GB 50150—2006)[S]. 北京:中国计划出版社,2006.

[5] 中华人民共和国住房和城乡建设部. 建筑电气照明装置施工与验收规范(GB 50617—2010)[S]. 北京:中国建筑工业出版社,2010.

[6] 中华人民共和国住房和城乡建设部. 建筑施工安全技术统一规范(GB 50870—2013)[S]. 北京:中国建筑工业出版社,2014.

[7] 史湛华. 建筑电气施工百问[M]. 北京:中国建筑工业出版社,2006.